KRANE

Ihr allgemeiner Aufbau nebst maschineller Ausrüstung, Eigenschaften ihrer Betriebsmittel, einschlägige Maschinen-Elemente und Trägerkonstruktionen.

Ein Handbuch für Bureau, Betrieb und Studium

von

Anton Böttcher.

Unter Mitwirkung von G. Frasch.

Tafelband.

München und Berlin.
Druck und Verlag von R. Oldenbourg.
1906.

Tafelverzeichnis.

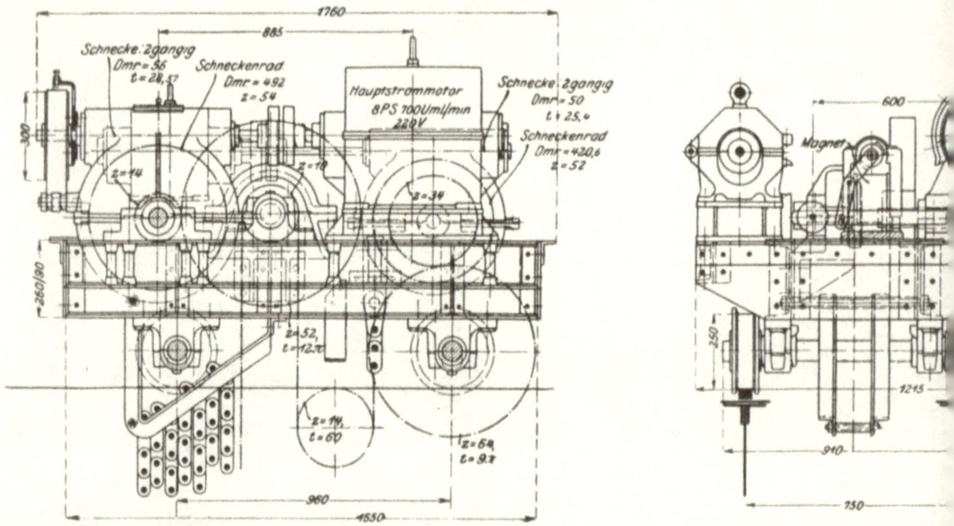

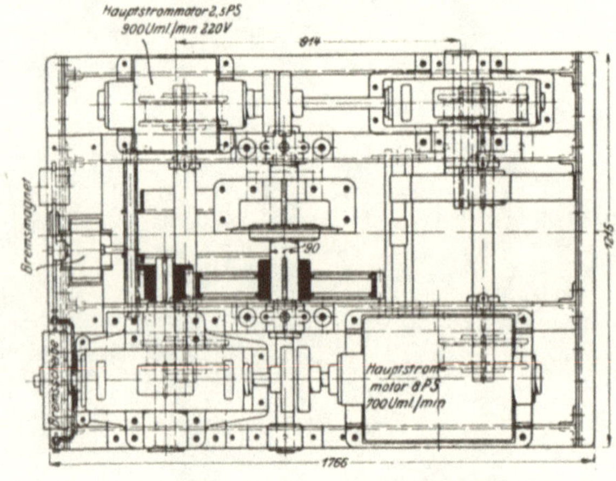

Fig. 1.

Laufkatze für 10 t.

(Erb.: Düsseldorfer Maschinenbau vorm. J. Losenhausen.)

(Z. d. V. d. I. 1903, S. 592.)

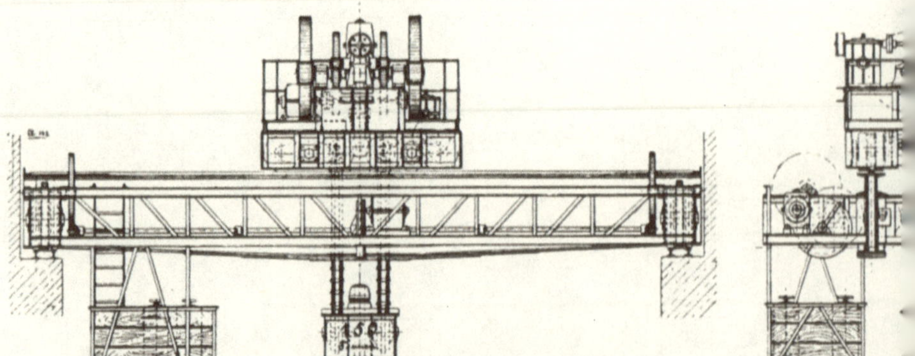

Fig. 3. Laufkran für 150 t.

(Erb.: Ludwig Stuckenholz, Wetter a. Ruhr.)

Druck und Verlag von

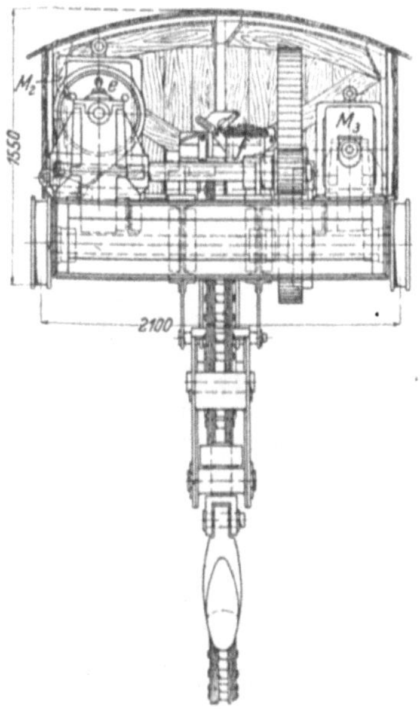

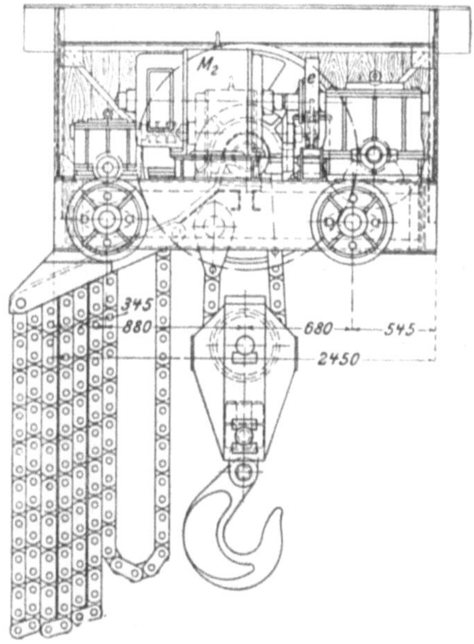

Fig. 2.

Laufkatze für 40 t.

(Erbauer: Ludw. Stuckenholz, Wetter a. Ruhr.)

(Z. d. V. d. I. 1903, S. 1736.)

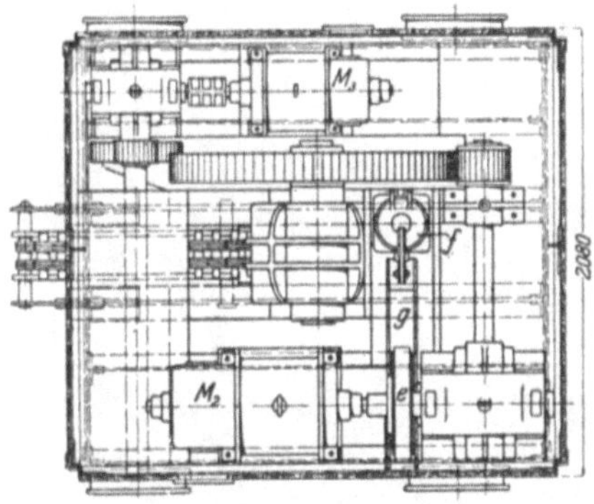

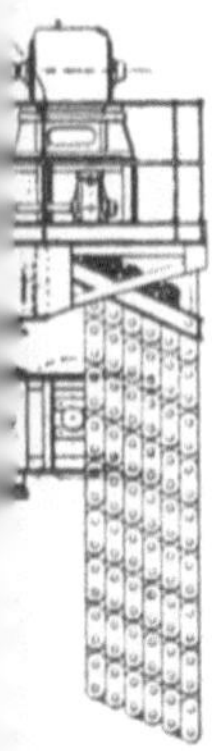

Laufkatzen-Anordnungen

für Mehrmotorenkrane.

Huborgan Gall'sche Kette.

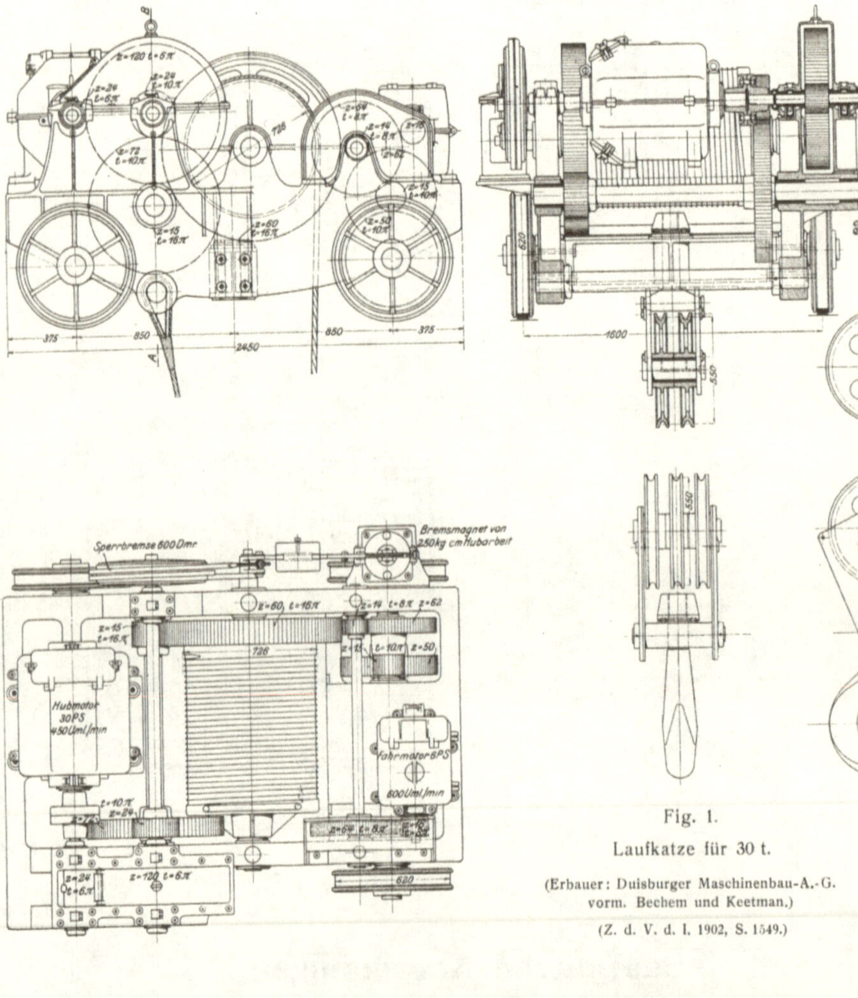

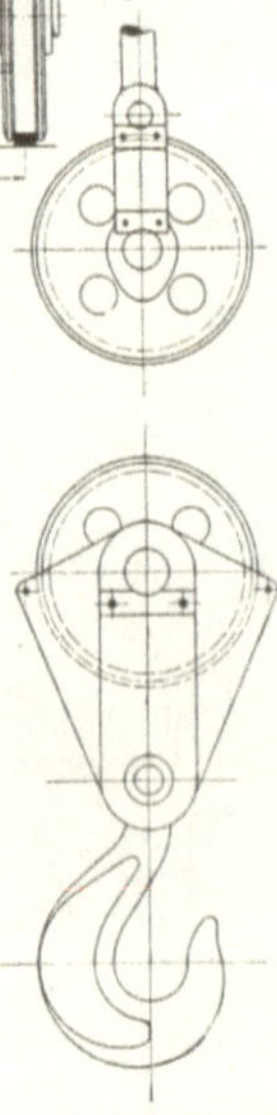

Fig. 88.

Fig. 1.

Laufkatze für 30 t.

(Erbauer: Duisburger Maschinenbau-A.-G. vorm. Bechem und Keetman.)

(Z. d. V. d. I. 1902, S. 1549.)

Laufkatzen-Anordnungen für Mehrmotorenkrane.

Huborgan Drahtseil.

Druck und Verlag von

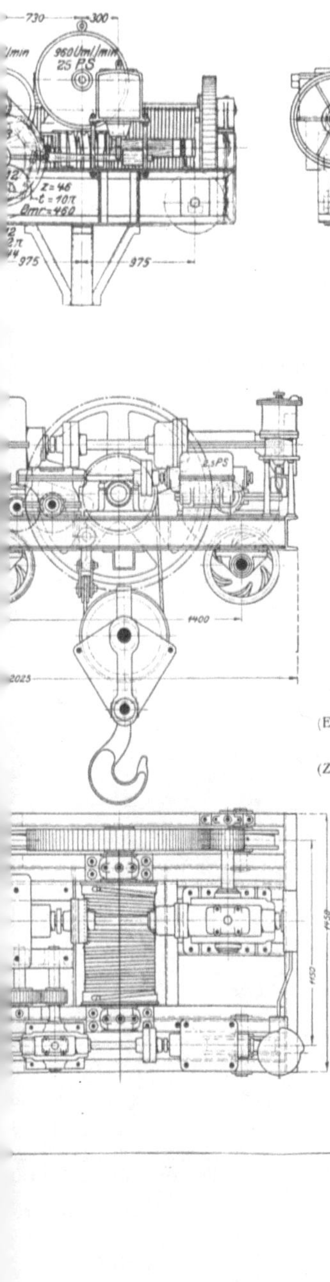

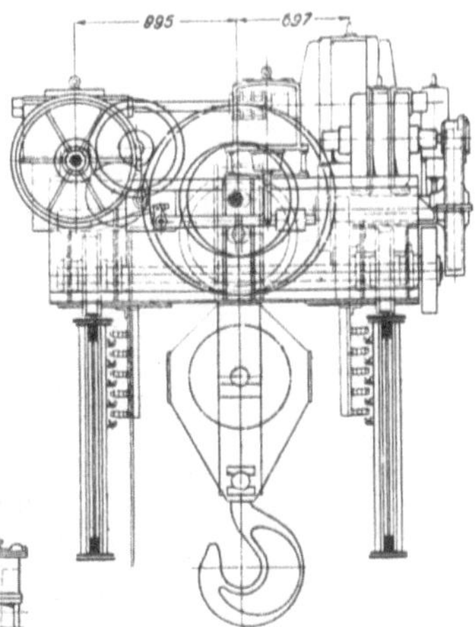

Fig. 2.

Laufkatze für 10 t.

(Erb.: Benrather Maschinenfabrik.)

(Z. d. V. d. I. 1902, S. 1073.)

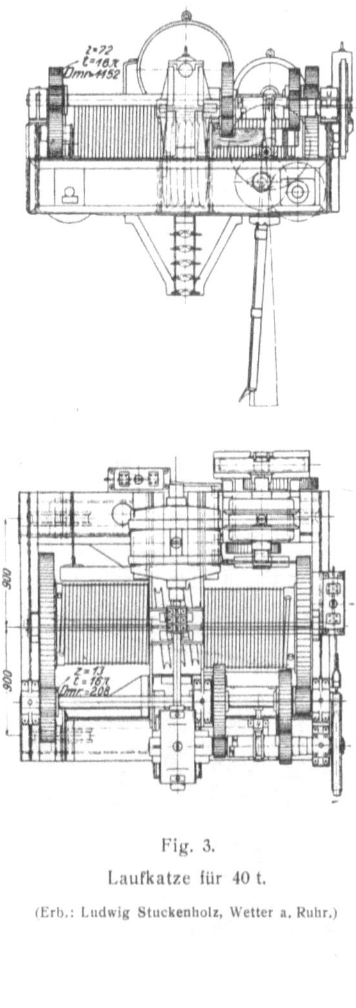

Fig. 3.

Laufkatze für 40 t.

(Erb.: Ludwig Stuckenholz, Wetter a. Ruhr.)

bourg, München u. Berlin.

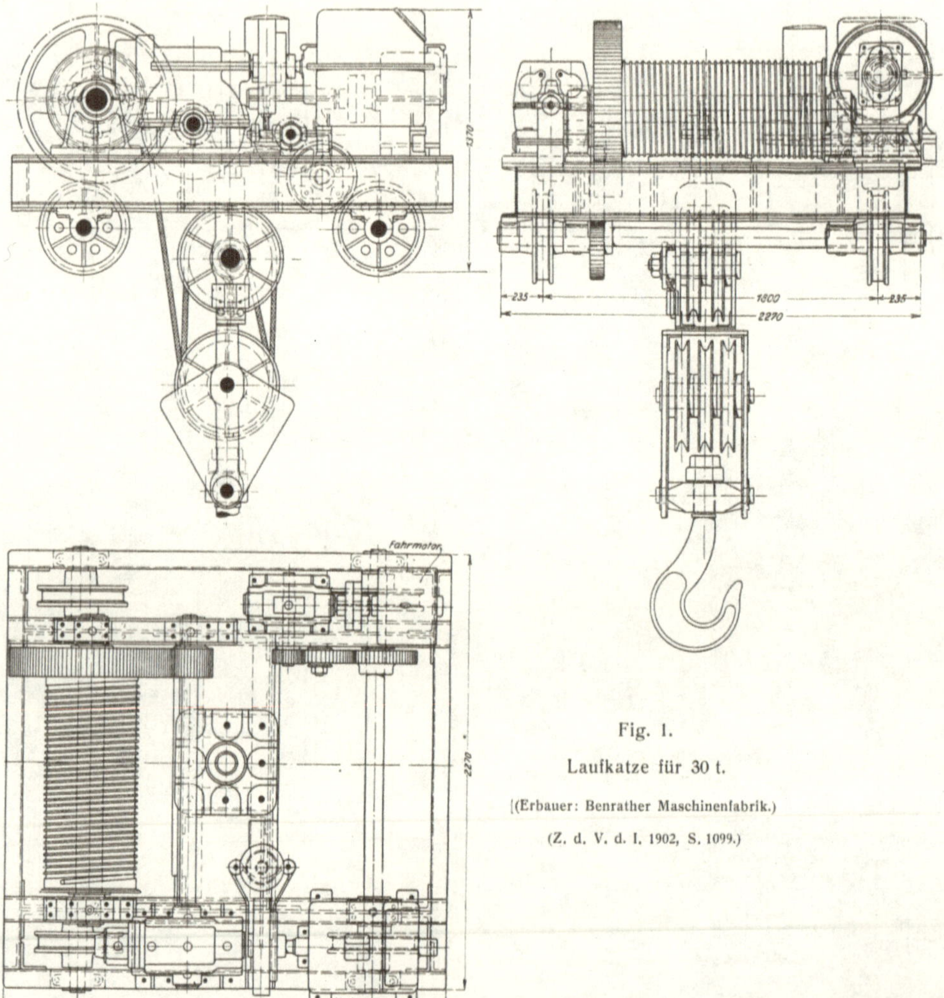

Fig. 1.

Laufkatze für 30 t.

(Erbauer: Benrather Maschinenfabrik.)

(Z. d. V. d. I. 1902, S. 1099.)

Laufkatzen-Anordnungen für M

Druck und Verlag von

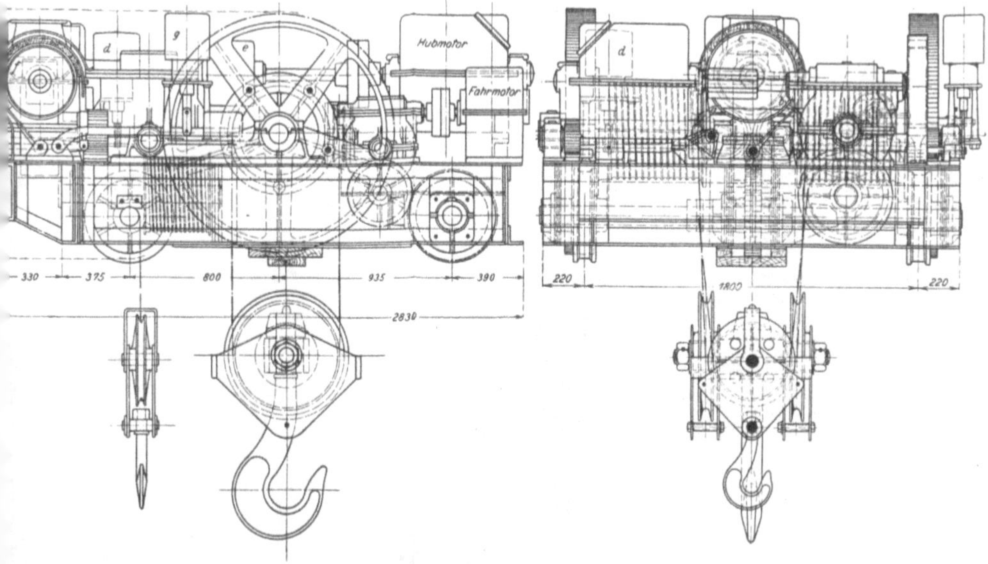

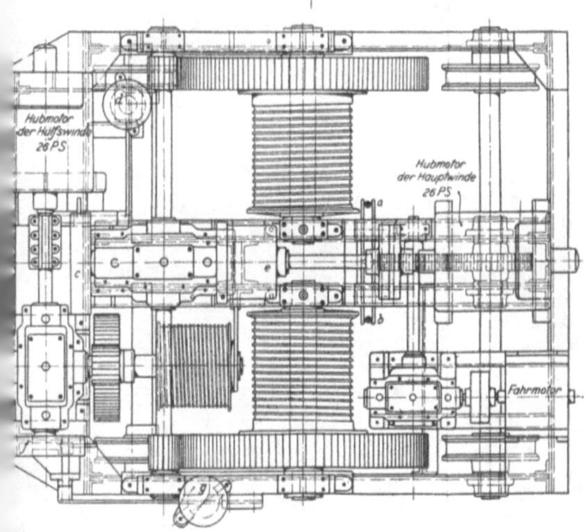

Fig. 2.

Laufkatze für 30 t.

(Erbauer: Benrather Maschinenfabrik.)

(Z. d. V. d. I. 1902, S. 1099.)

torenkrane. Huborgan Drahtseil.

, München u. Berlin.

Fig. 16 (Gr).

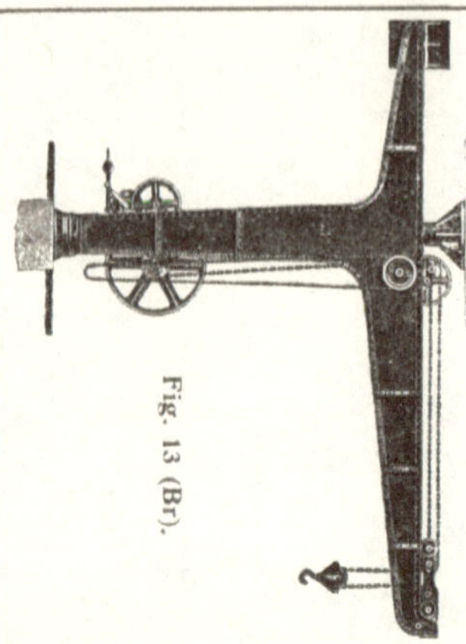

Fig. 13 (Br).

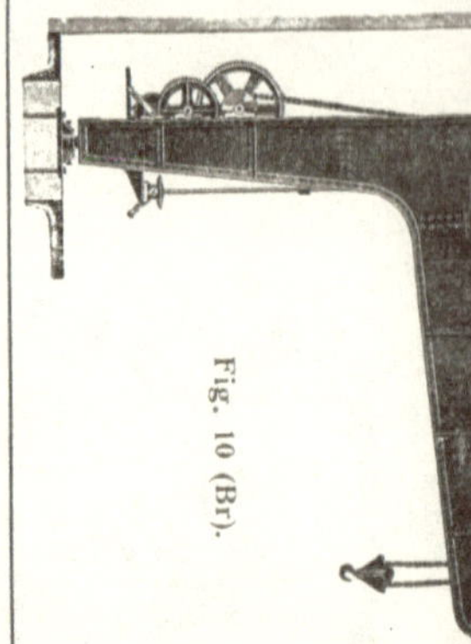

Fig. 10 (Br).

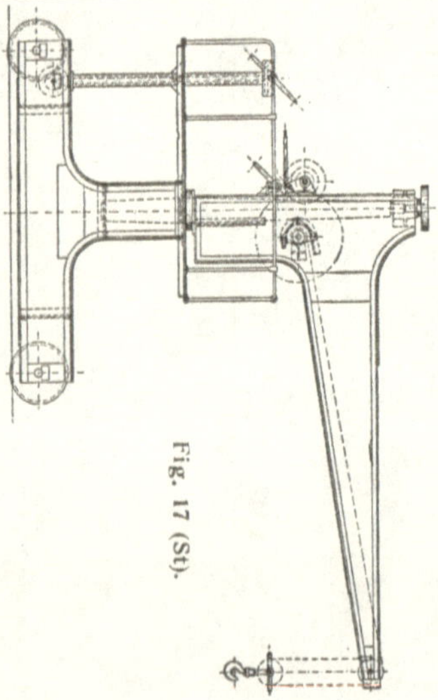

Fig. 17 (St).

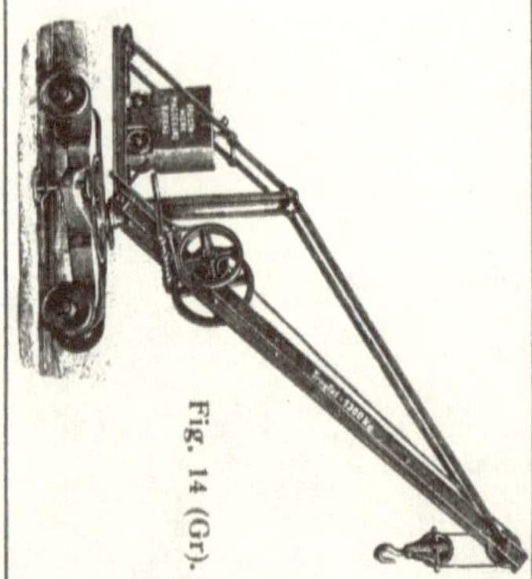

Fig. 14 (Gr).

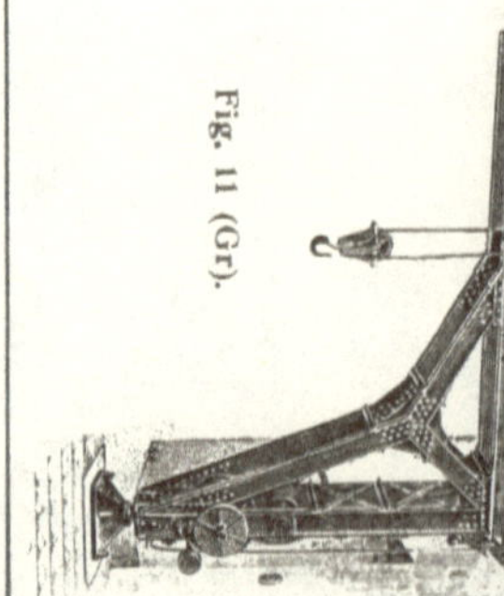

Fig. 11 (Gr).

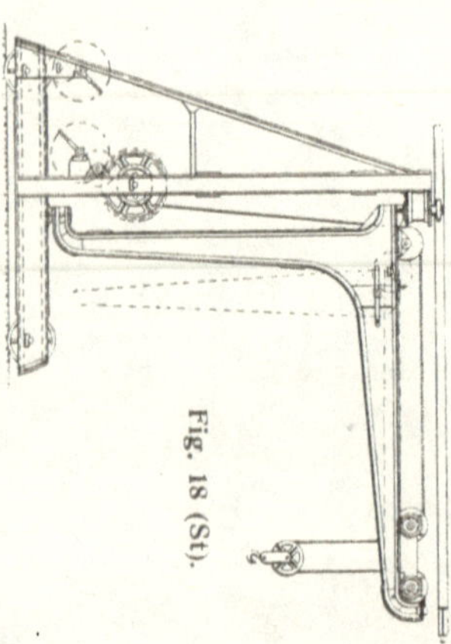

Fig. 18 (St).

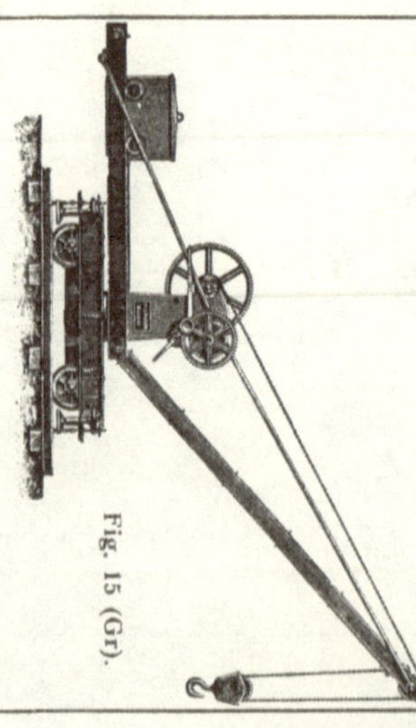

Fig. 15 (Gr).

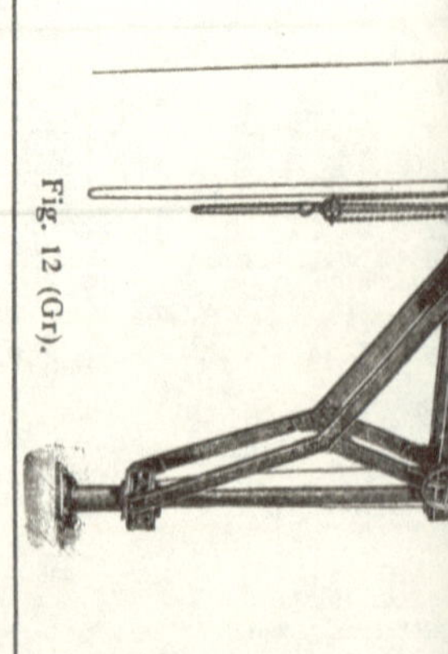

Fig. 12 (Gr).

Ausführungsformen vor

Druck und Verlag vor

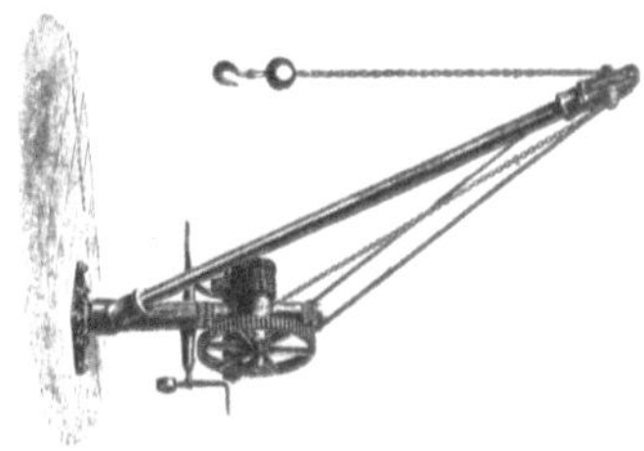
Fig. 1 (Gr).

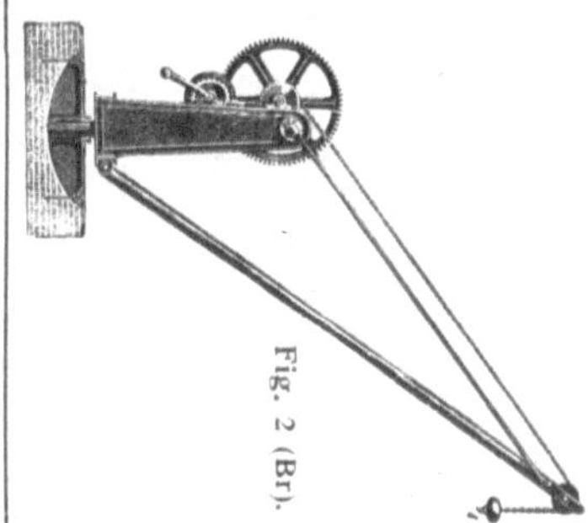
Fig. 2 (Br).

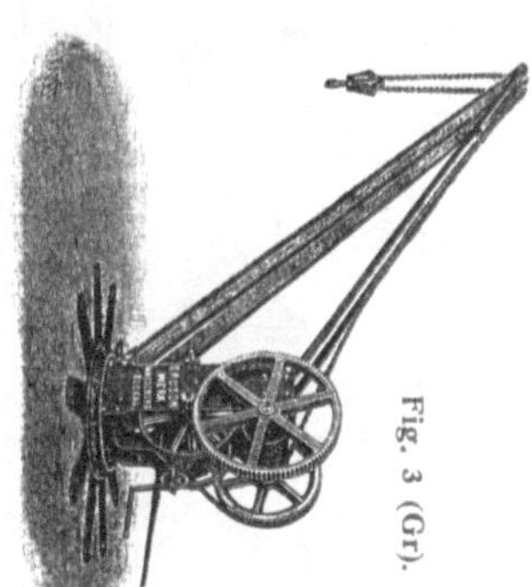
Fig. 3 (Gr).

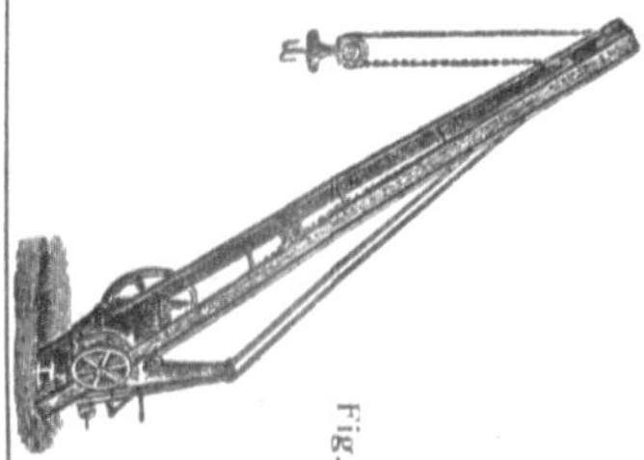
Fig. 4.

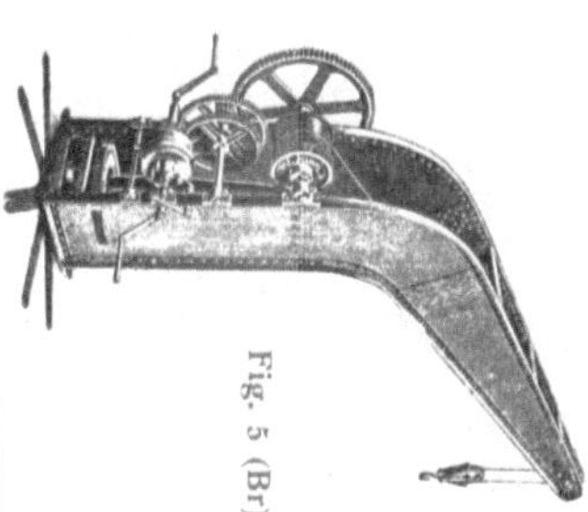
Fig. 5 (Br).

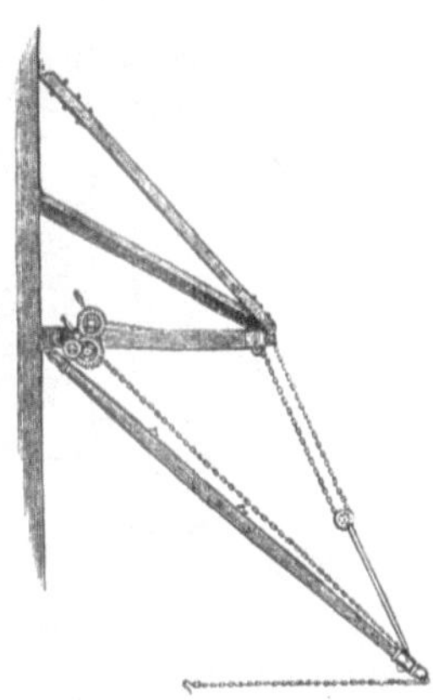
Fig. 6.

Fig. 7.

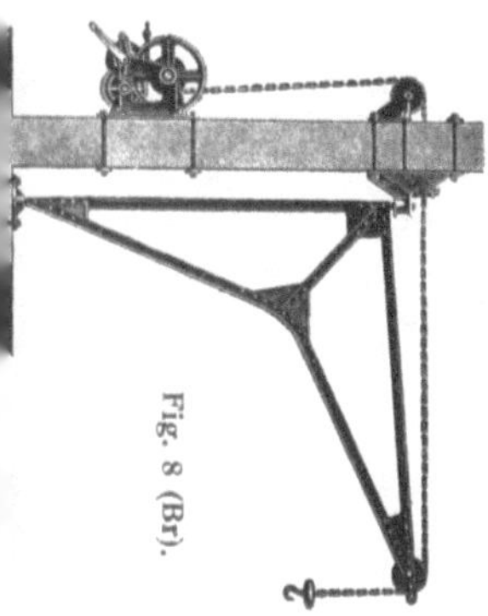
Fig. 8 (Br).

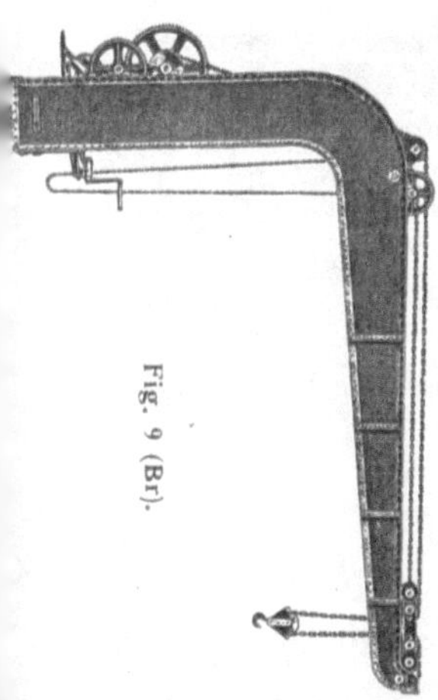
Fig. 9 (Br).

kranen mit Handbetrieb.

urg, München u. Berlin.

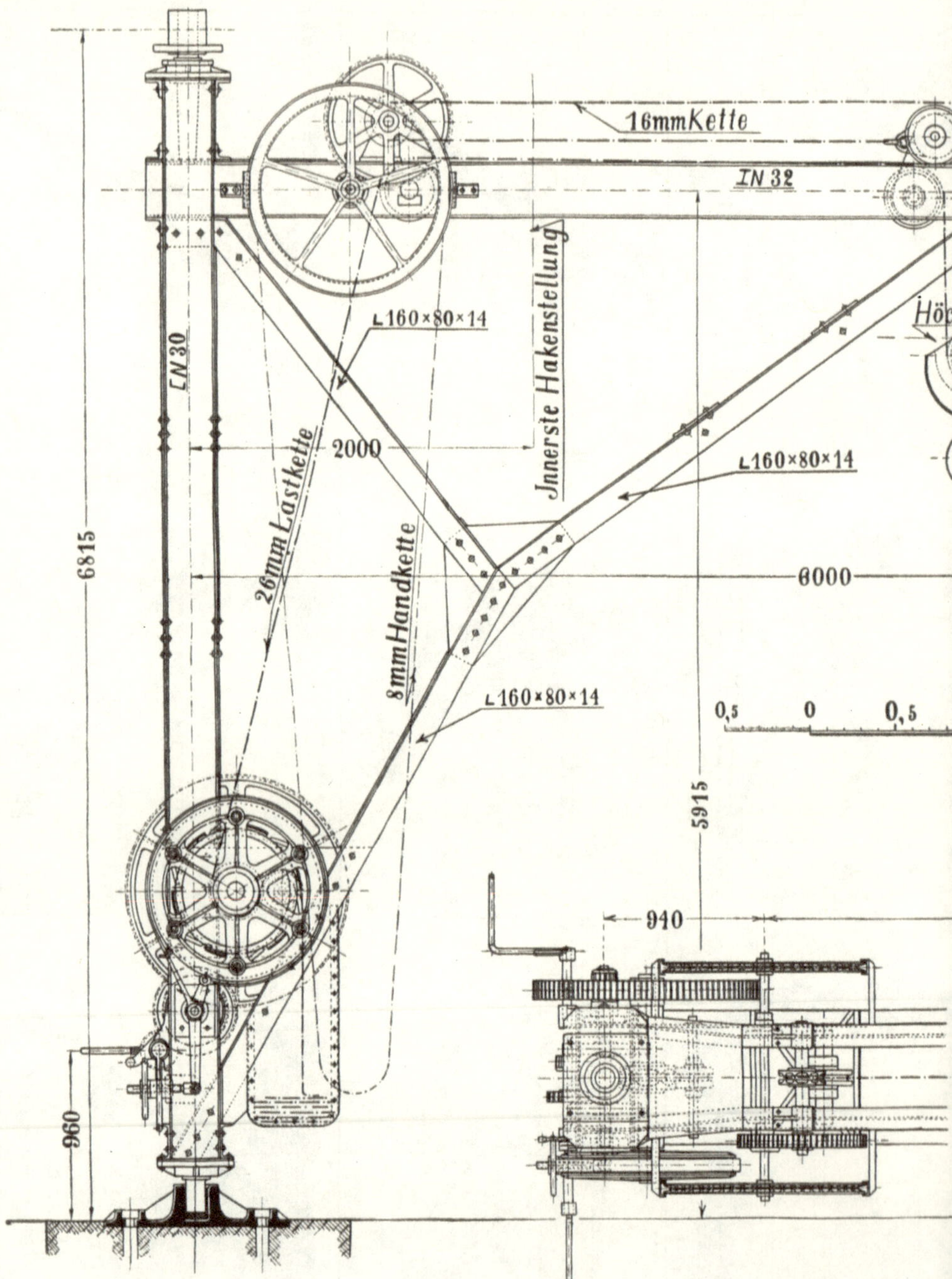

Giesserei-Drehk

7500kg. Tragfähigkeit,

Erbauer: Duisburger Mas
vormals Becher

Druck und Verlag von

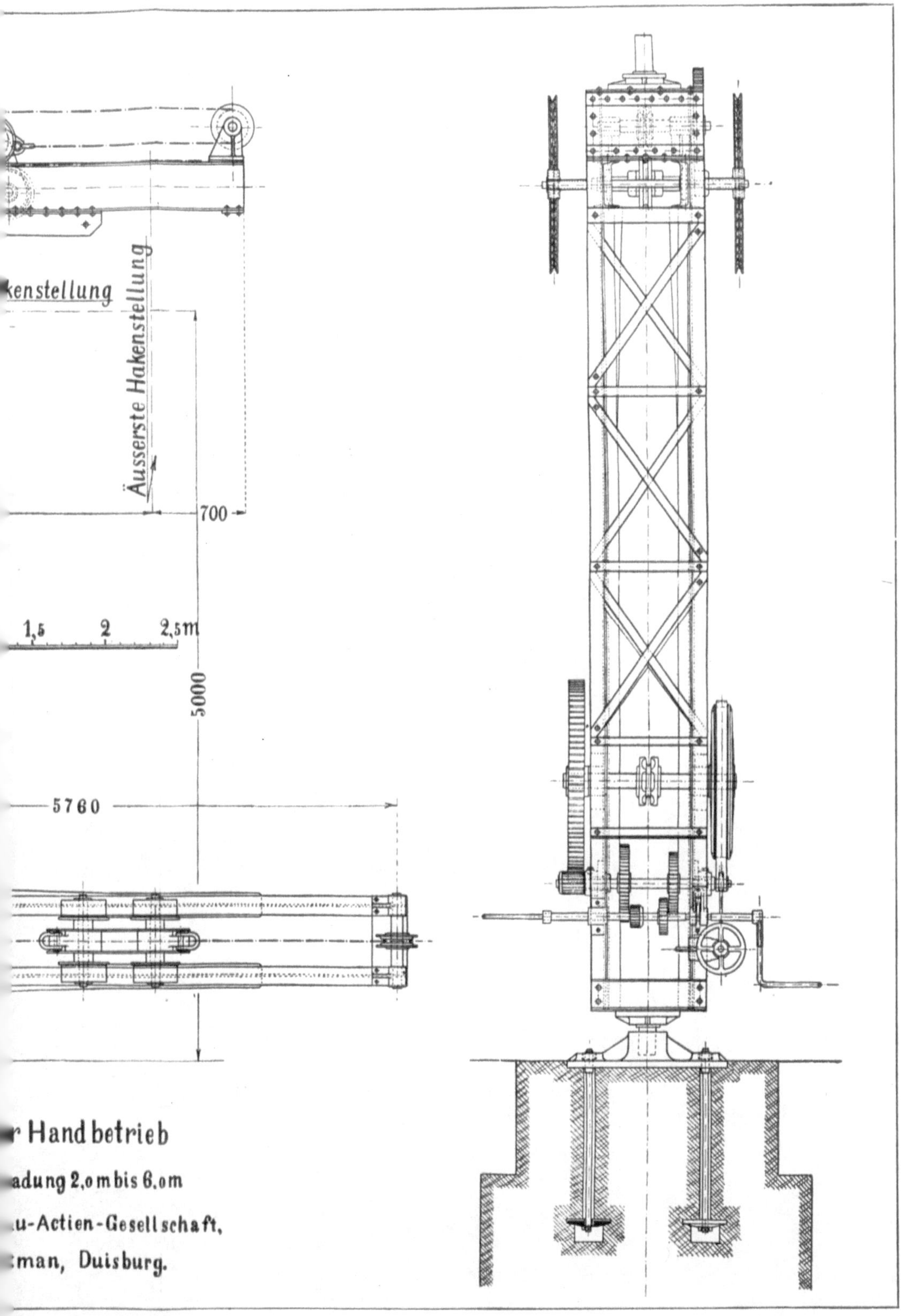

ourg, München u. Berlin.

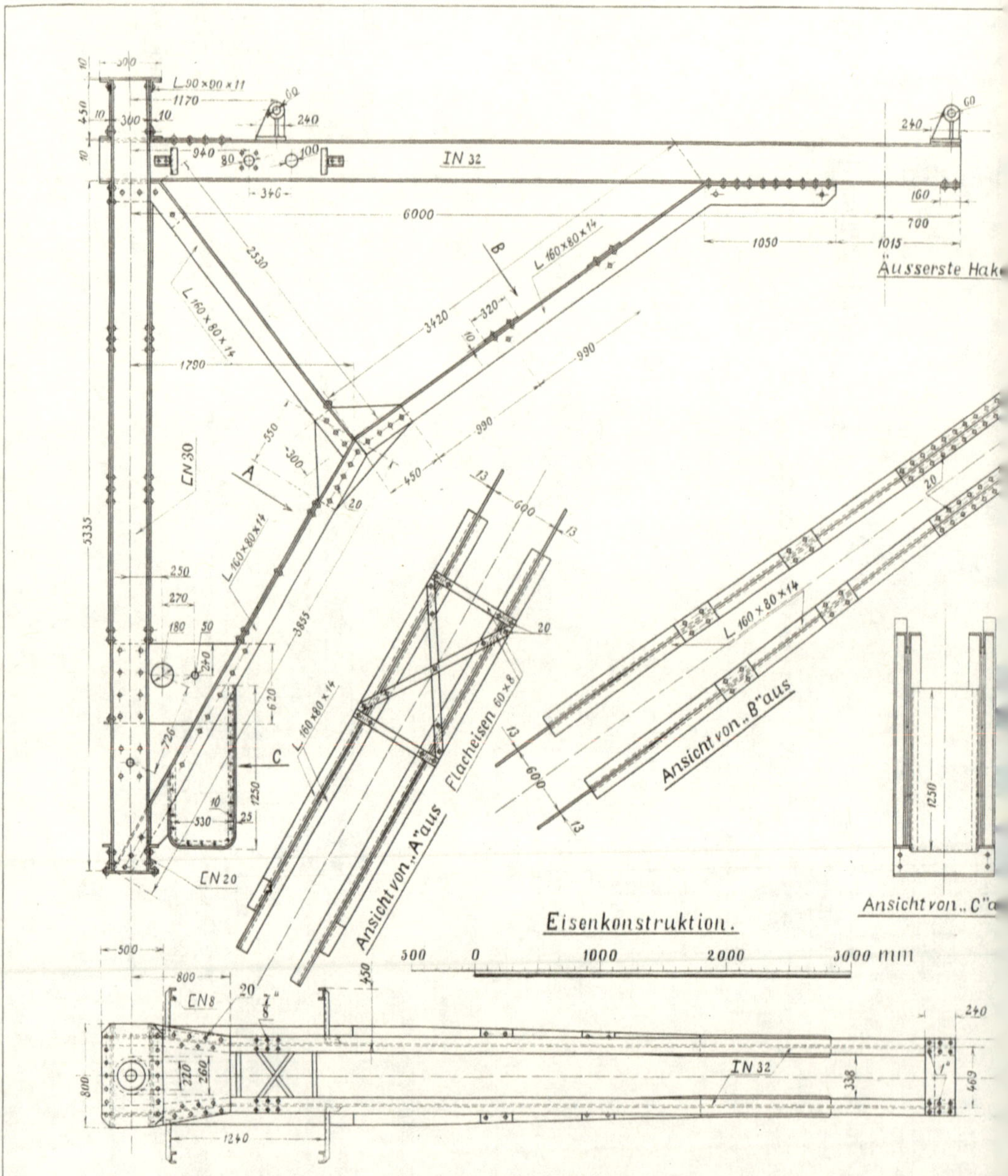

Druck und Verlag von

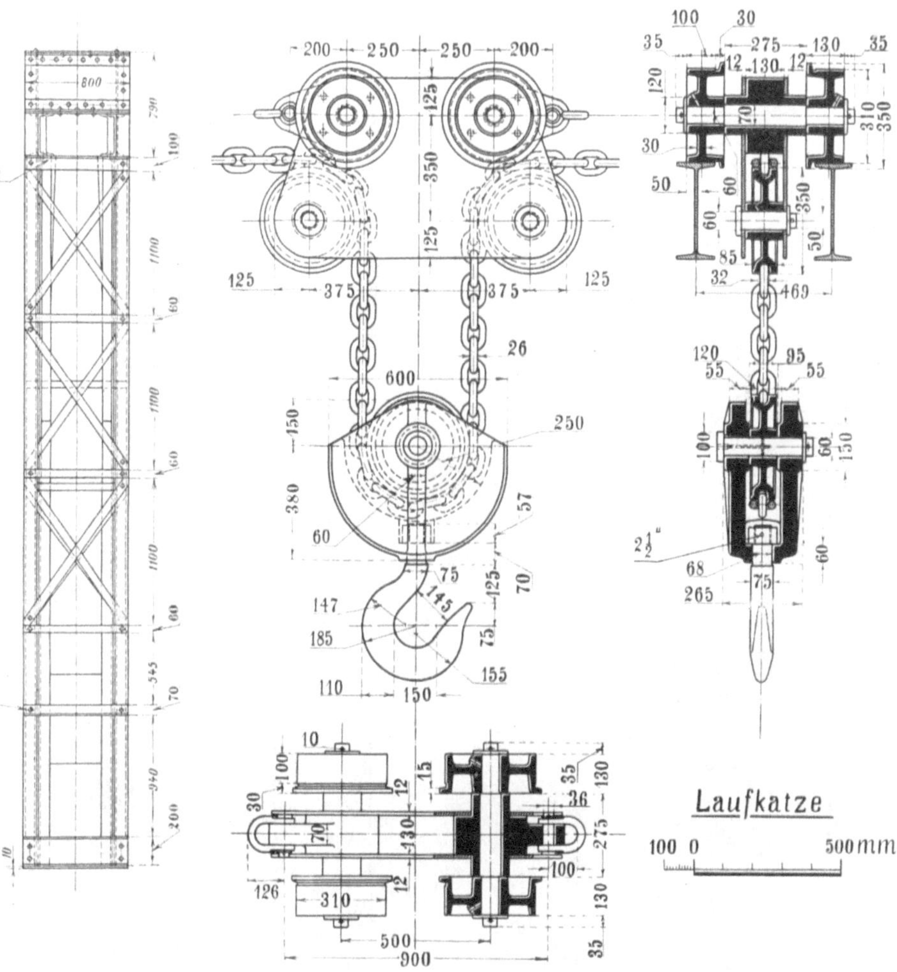

Giesserei-Drehkran für Handbetrieb

7500 kg. Tragfähigkeit. Ausladung 2,0 m bis 6,0 m

Erbauer: Duisburger Maschinenbau-Actien-Gesellschaft vormals Bechem u. Keetman, Duisburg.

, München u. Berlin.

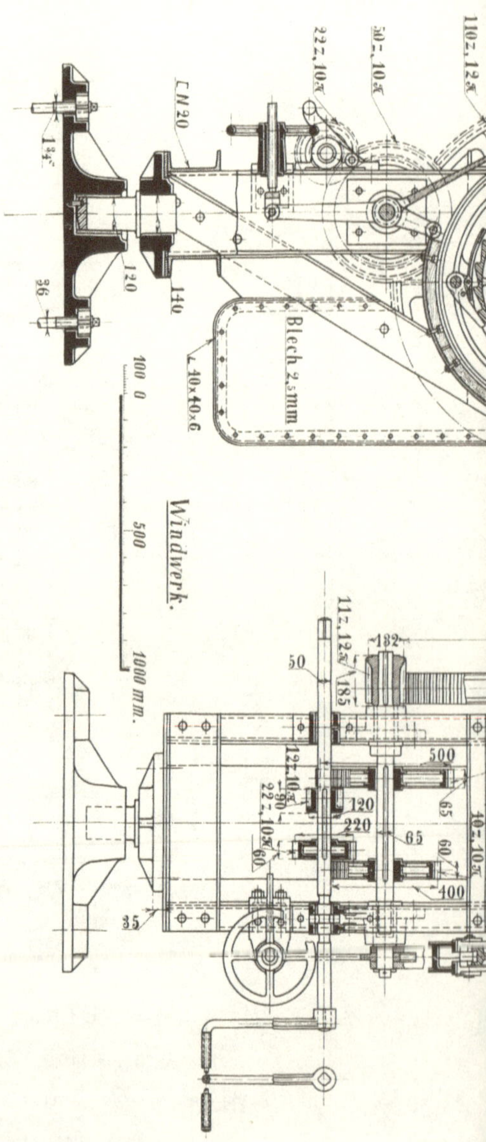

Fig. 2.

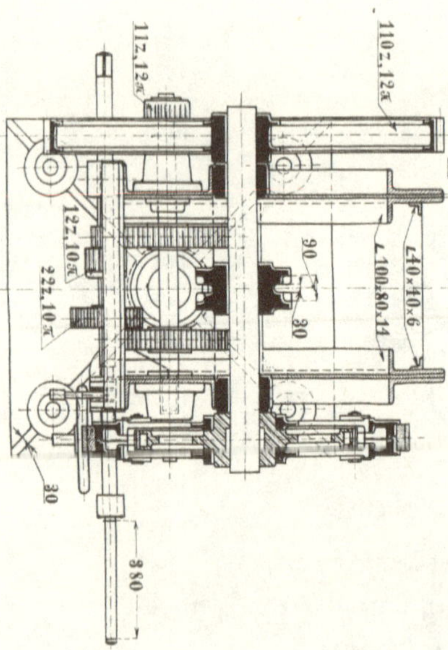

Giesserei-Drehkran für Handbetrieb

7500 kg. Tragfähigkeit. Ausladung 2,0 m bis 6,0 m

Erbauer: Duisburger Maschinenbau-Actien-Gesellschaft vormals Bechem u. Keetman, Duisburg.

Tafel VII.

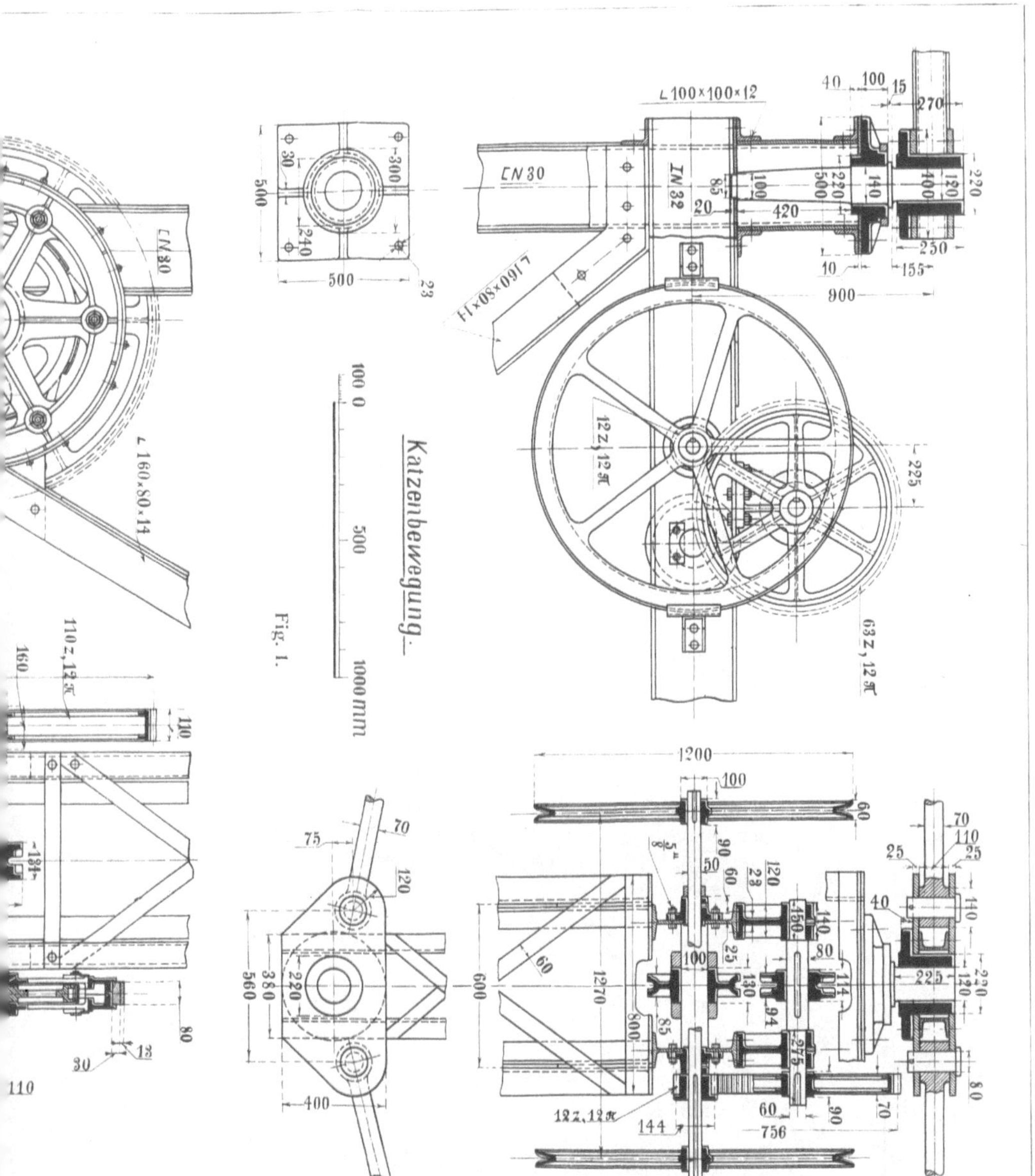

g, München u. Berlin.

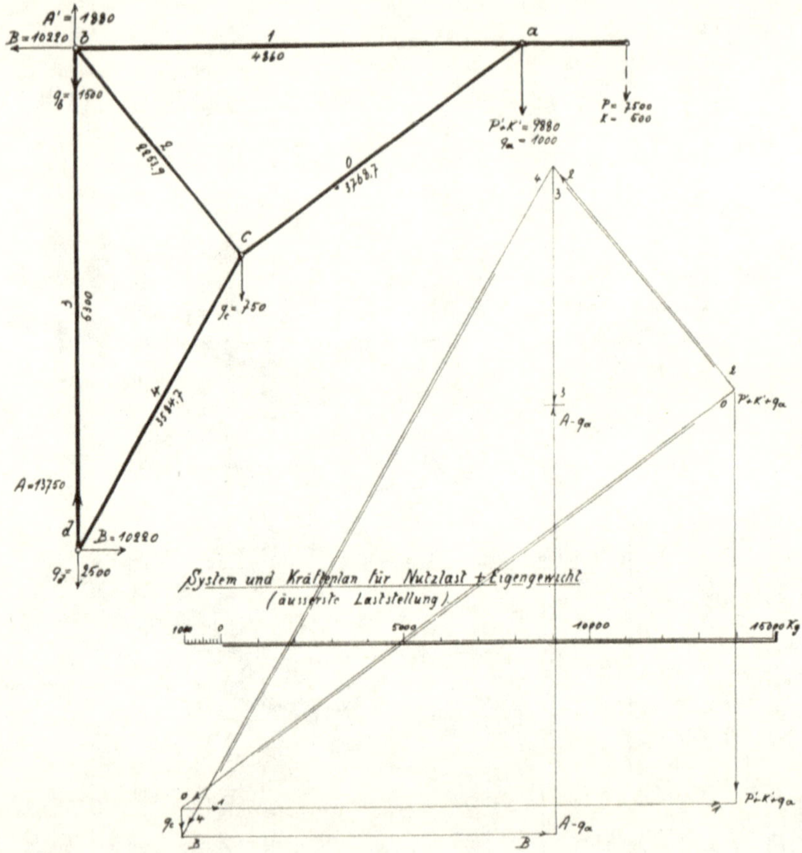

Fig. 1.

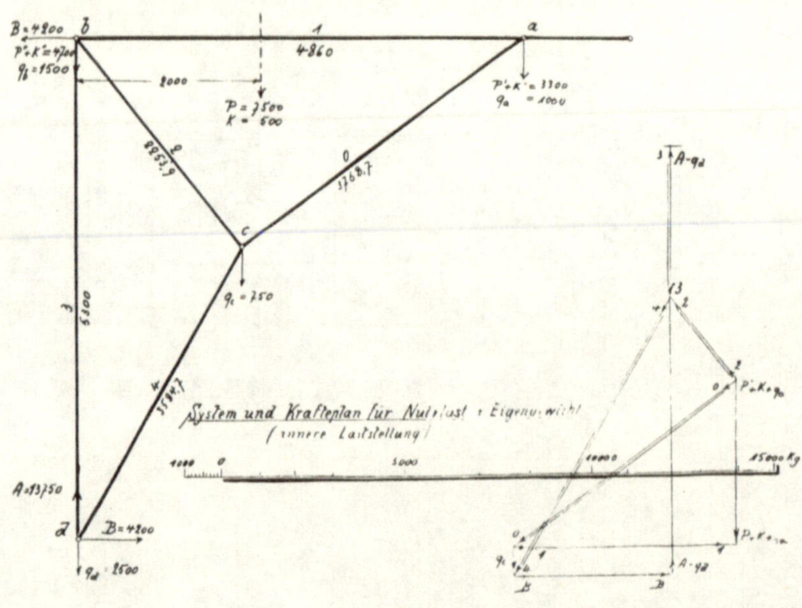

Fig. 2.

Druck und Verlag von R

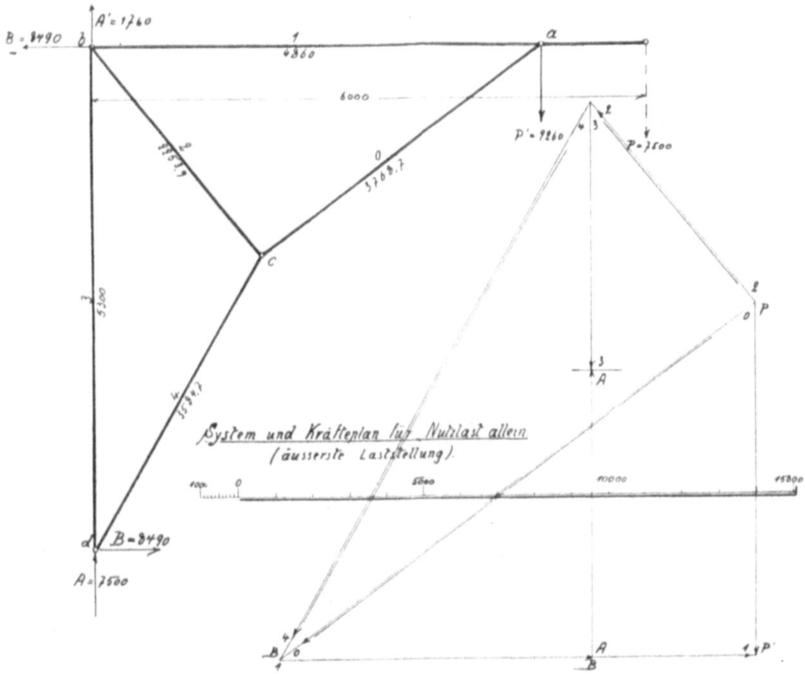

Fig. 3.

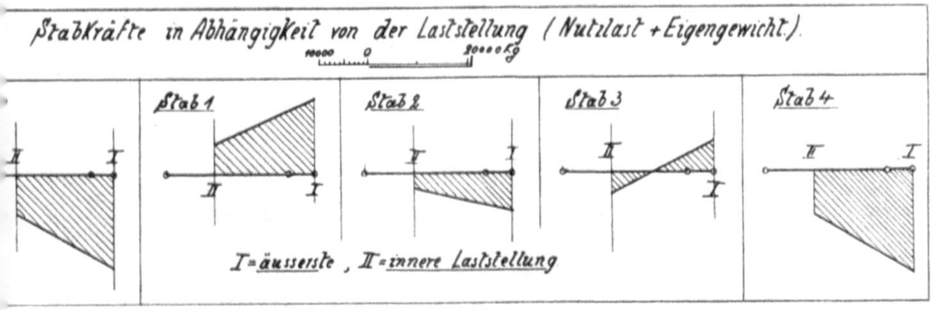

Giesserei-Drehkran für Handbetrieb

7500 kg. Tragfähigkeit. Ausladung 2,0 m bis 6,0 m

Erbauer: Duisburger Maschinenbau-Actien-Gesellschaft, vormals Bechem u. Keetman, Duisburg.

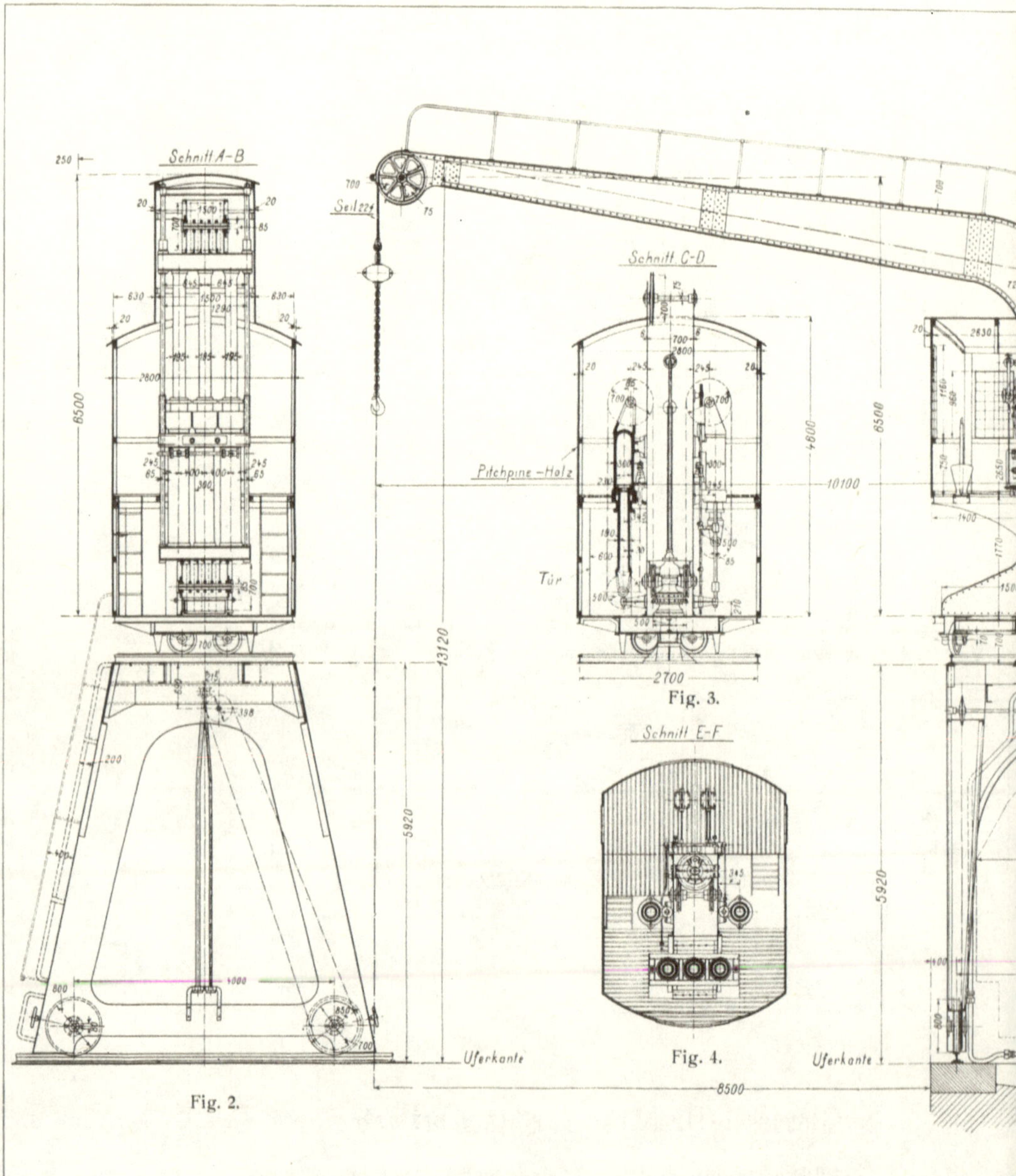

Fig. 2.

Fig. 3.

Fig. 4.

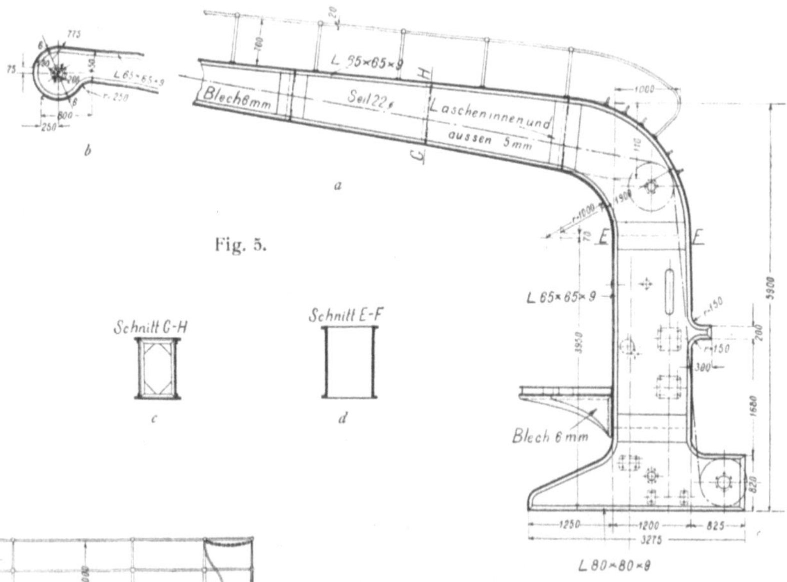

Fig. 5.

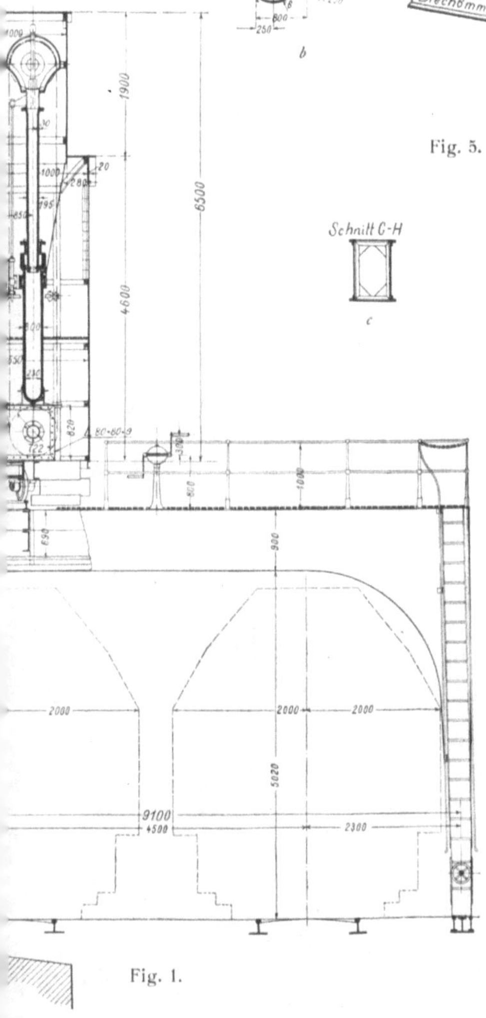

Fig. 1.

Hydraulischer Vollportalkran 2500 kg.

Ausladung: 10,1 m max. Hub: 18,0 m Schwenkbereich: 370°

Erbauer: Rudolf Dinglinger, Coethen in Anhalt.

Arbeitsplatz: Westquai, Stettin.

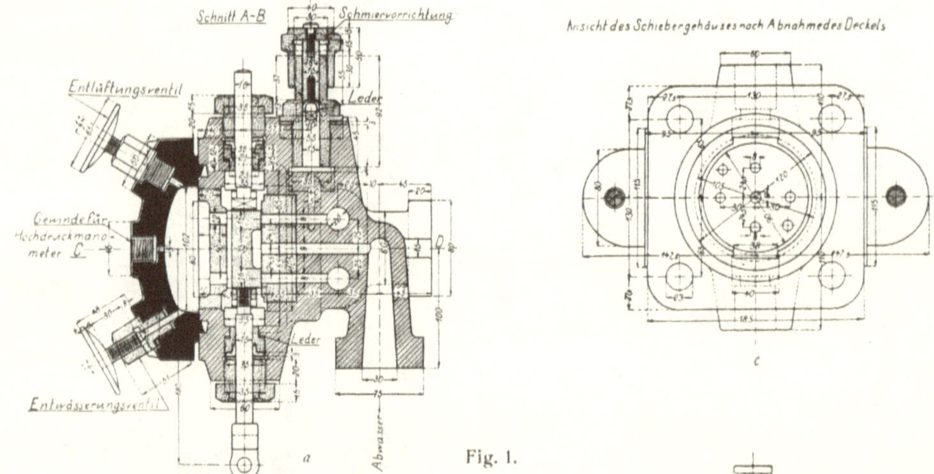

Fig. 1.

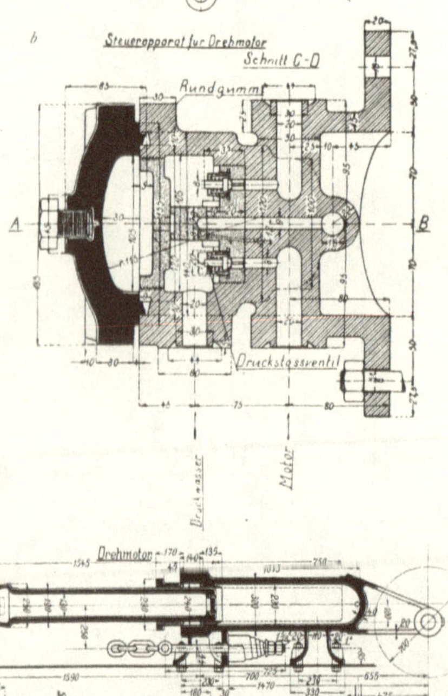

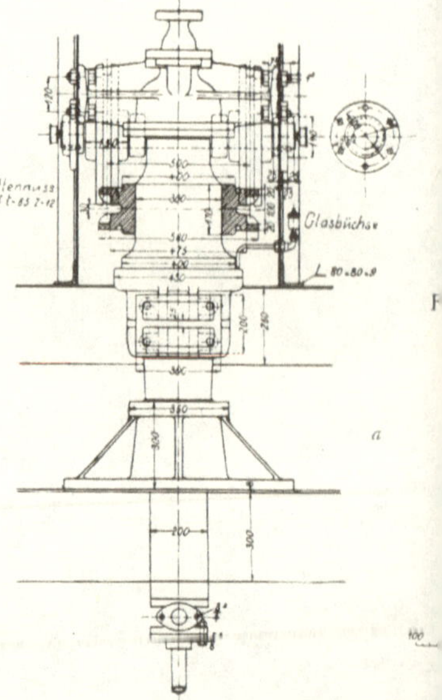

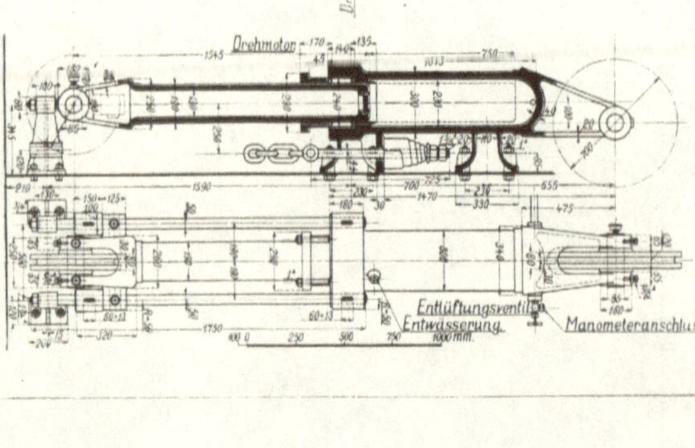

Fig. 4.

Hydraulischer
Ausladung 10,1 m
Erbauer: Ru
Arb

Druck und Verlag v

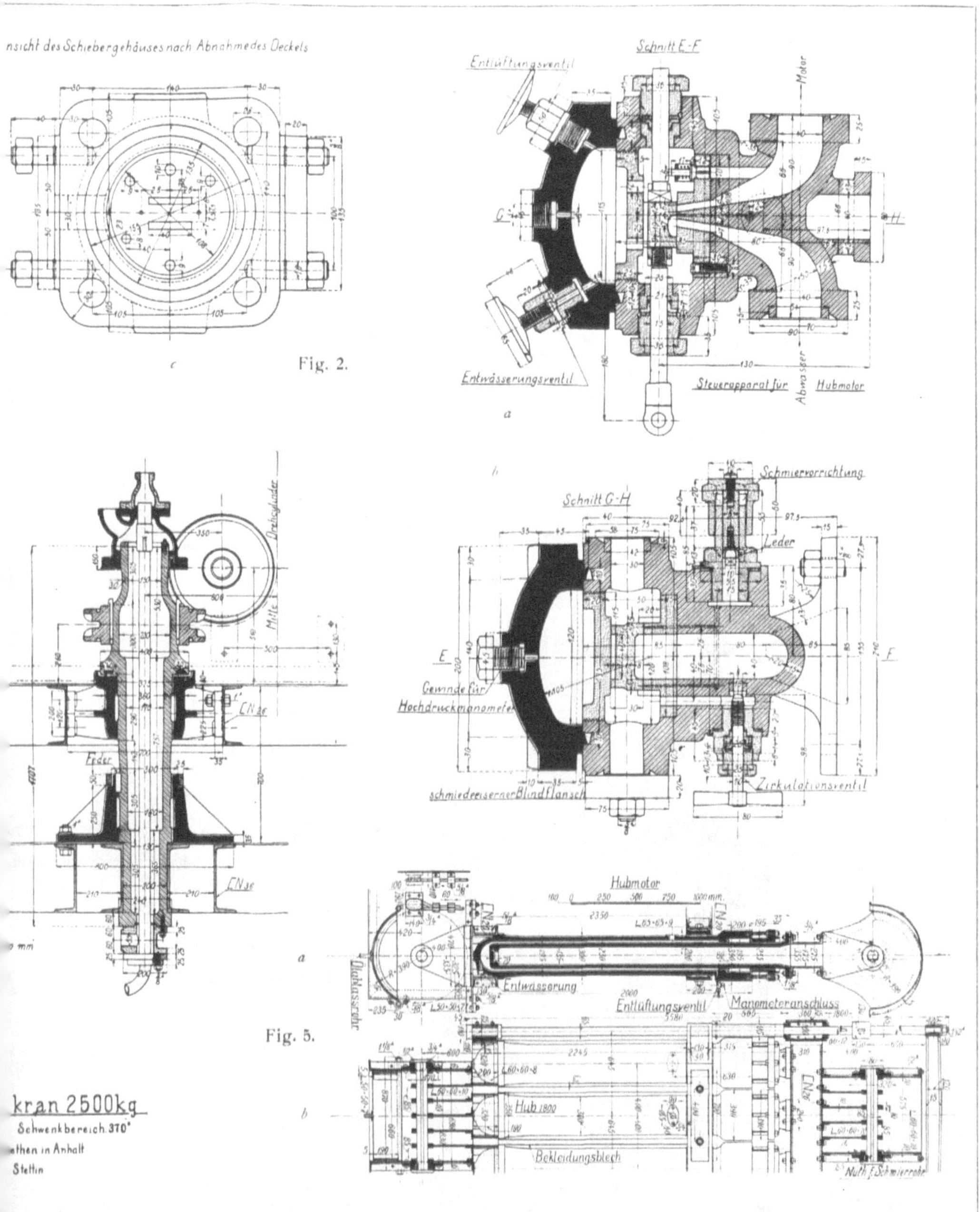

Fig. 2.

Fig. 5.

rg, München u. Berlin.

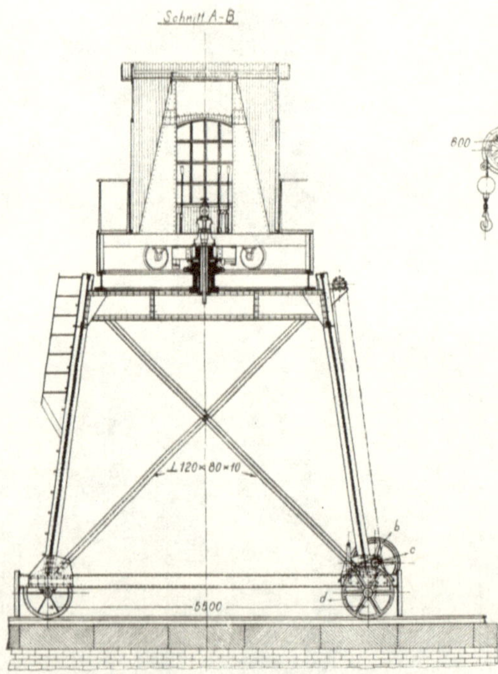

Fig. 1.

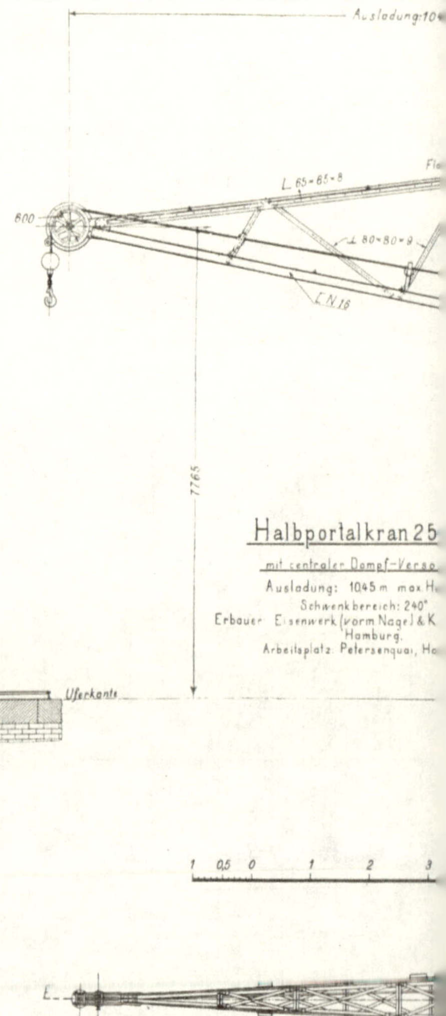

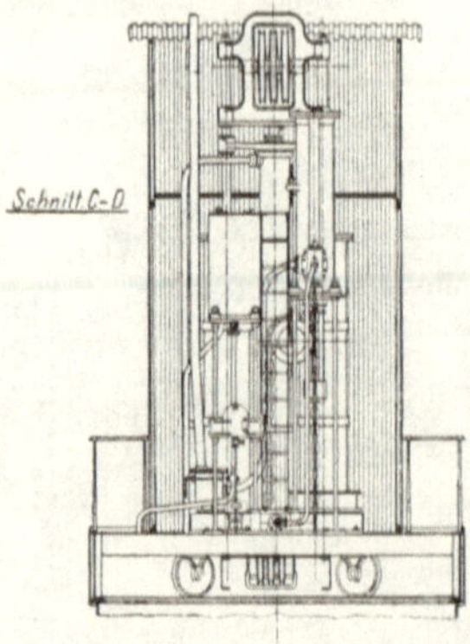

Fig. 3.

Druck und Verlag vo

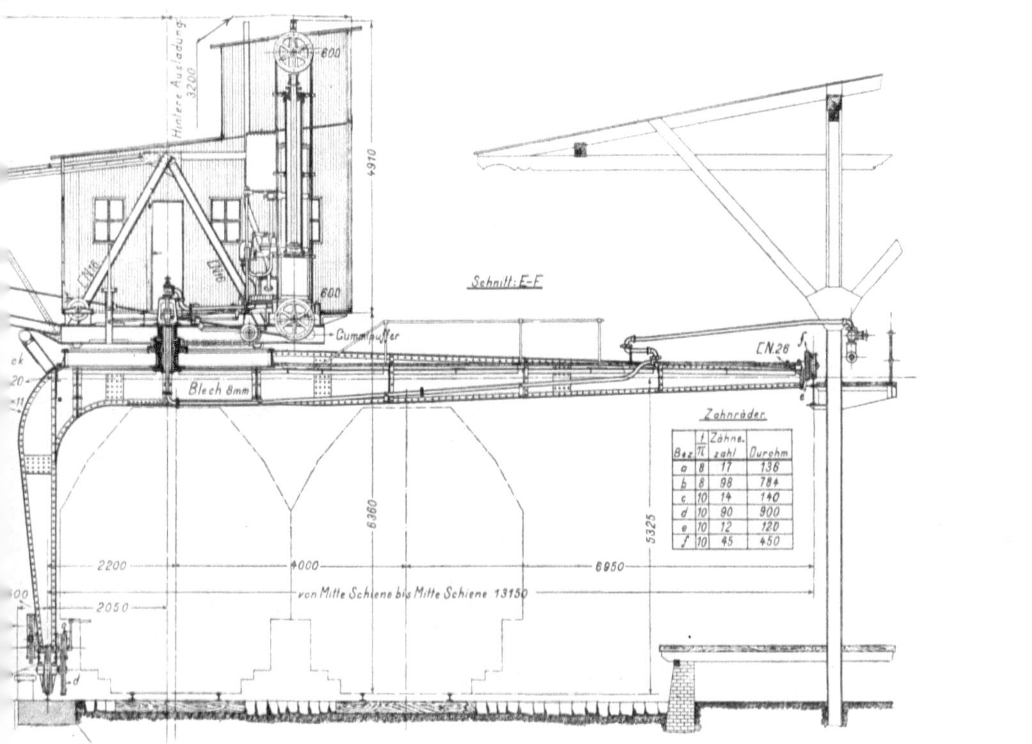

Bez.	t/π	Zähne-zahl	Durchm
a	8	17	136
b	8	98	784
c	10	14	140
d	10	90	900
e	10	12	120
f	10	45	450

Fig. 2.

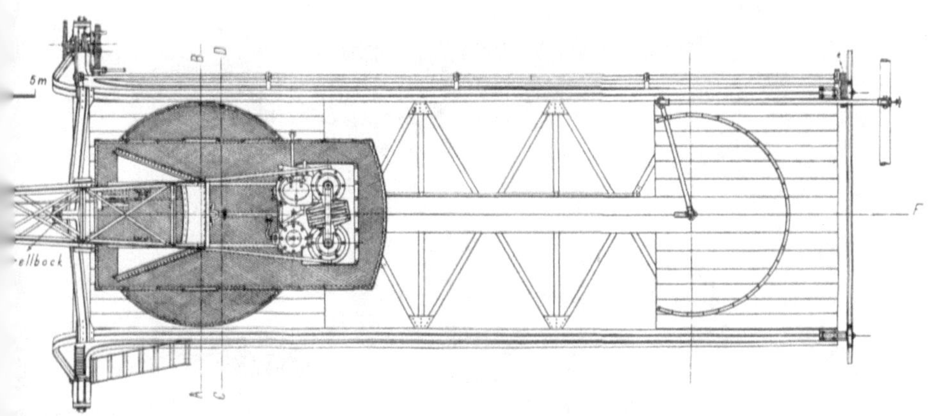

Fig. 4.

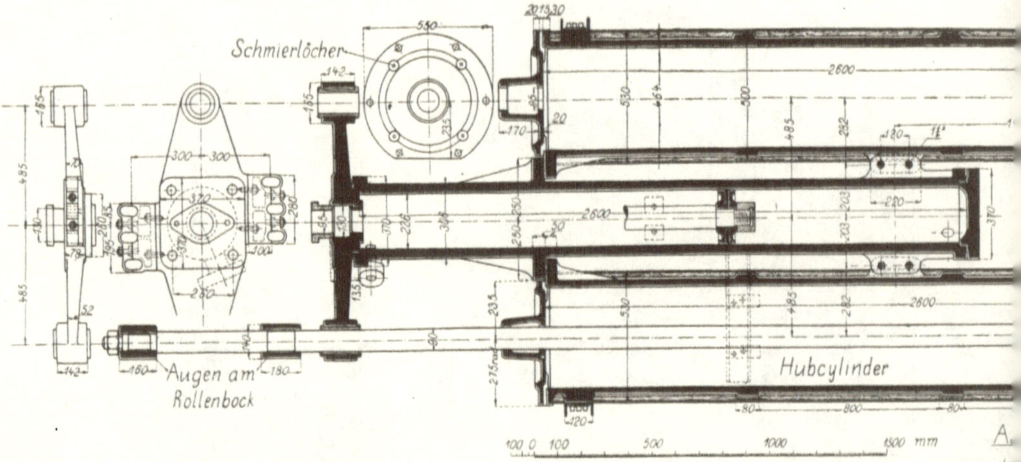

Fig. 1.

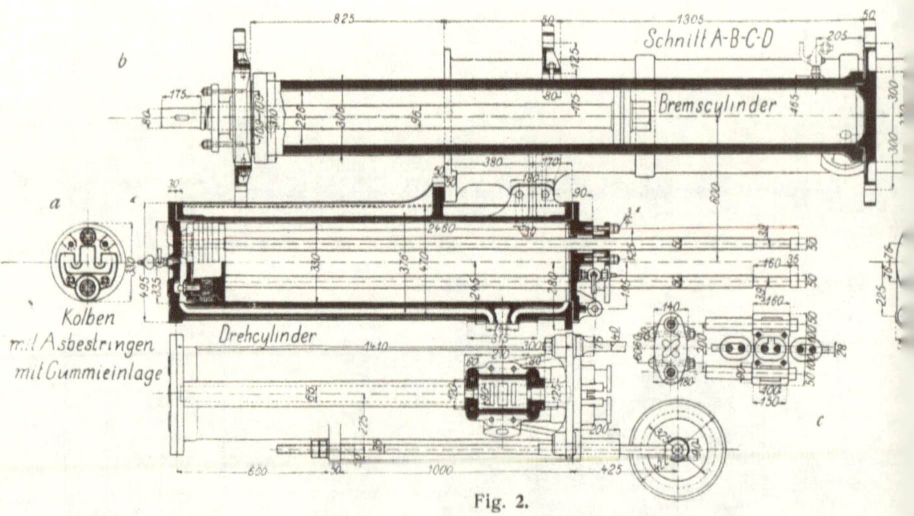

Fig. 2.

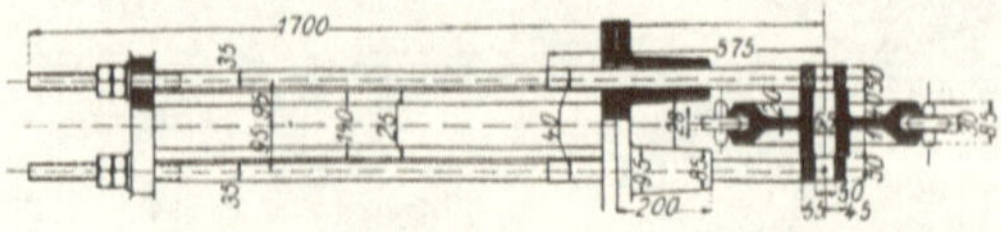

Fig. 3.

Auslad

Erba

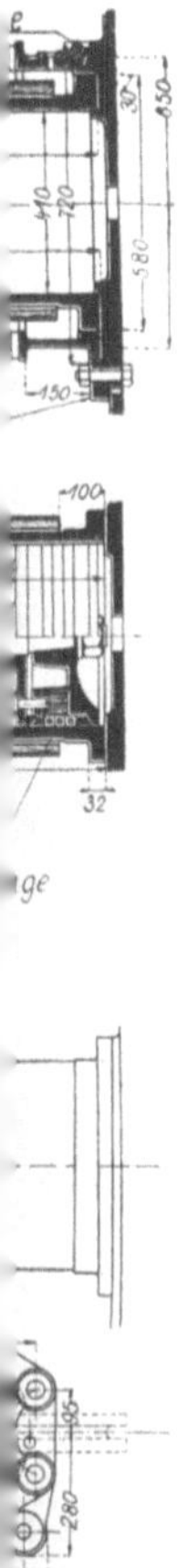

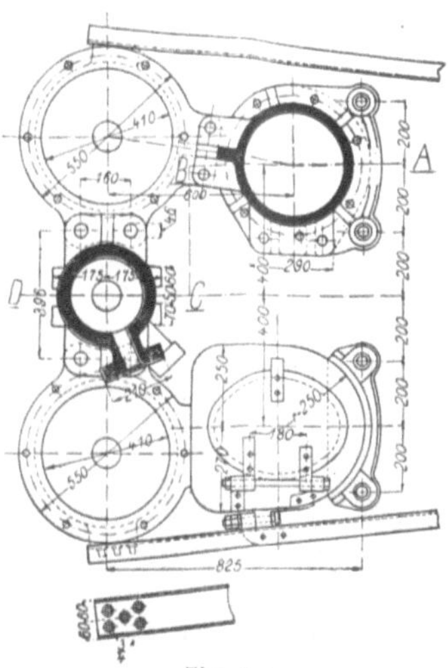

Fig. 4.

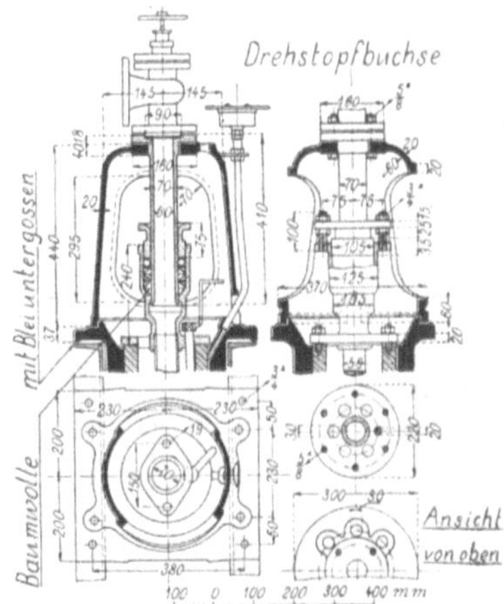

Fig. 5.

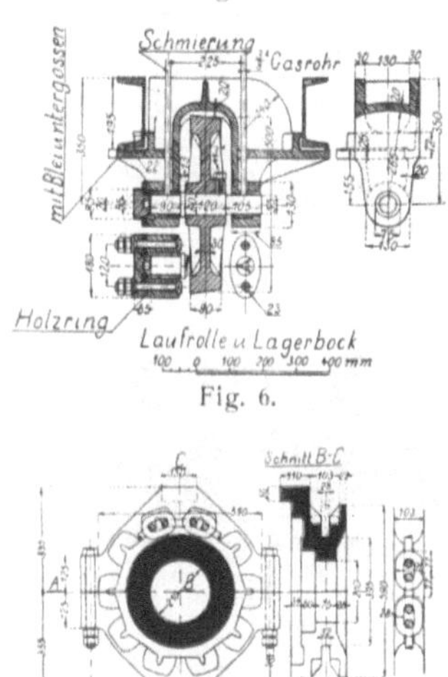

Fig. 6.

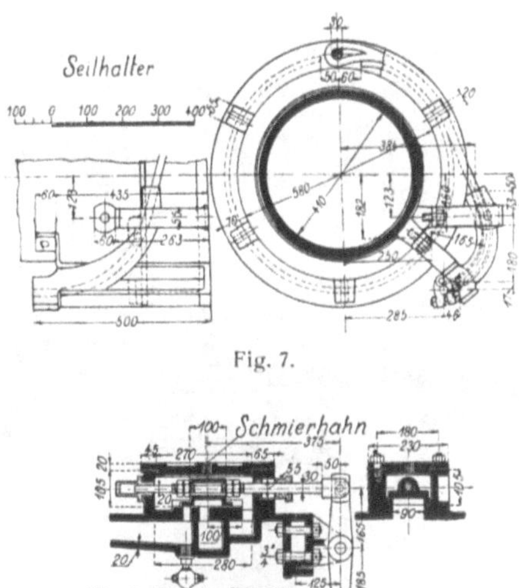

Fig. 7.

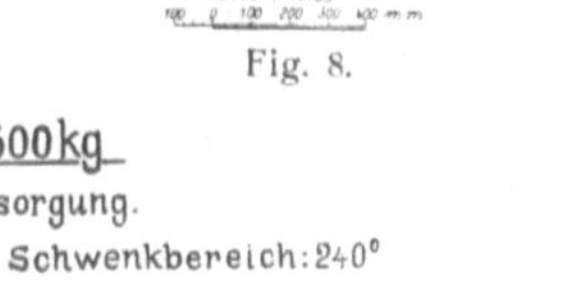

Fig. 8.

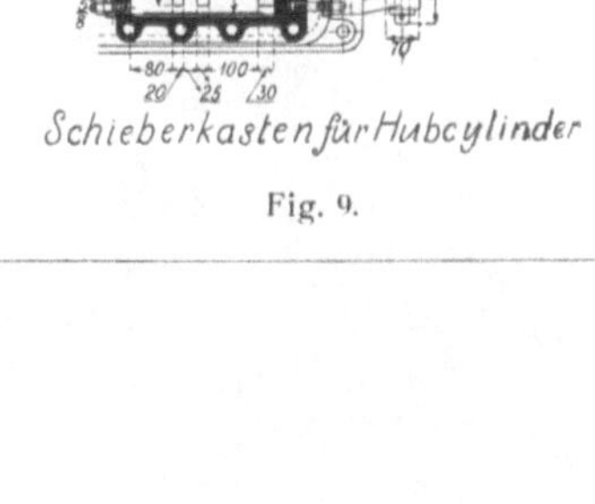

Fig. 9.

lbportalkran 2500kg

entraler Dampf-Versorgung.

max. Hub: 13,8 m, Schwenkbereich: 240°

erk (vorm. Nagel & Kaemp) A.G. Hamburg.

platz: Petersenquai, Hamburg.

München u. Berlin.

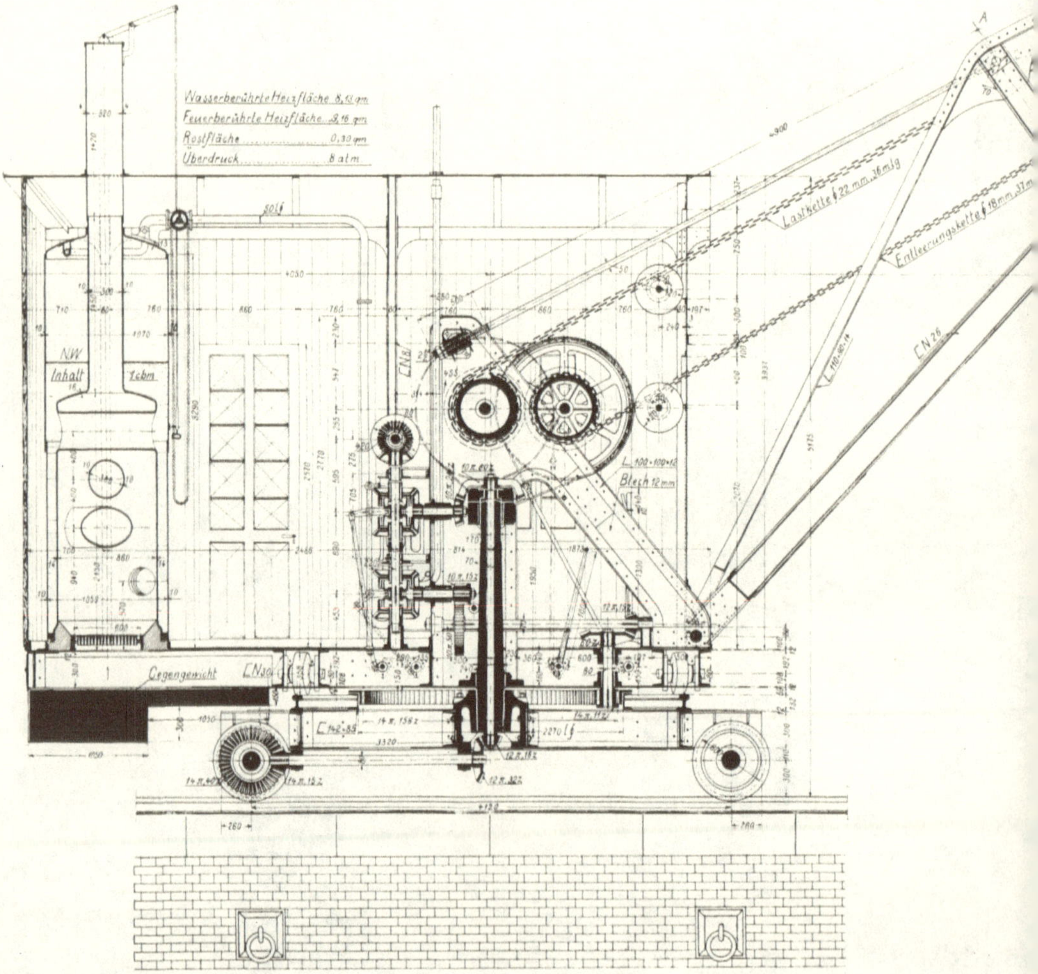

Fig. 1.

Druck und Verlag von

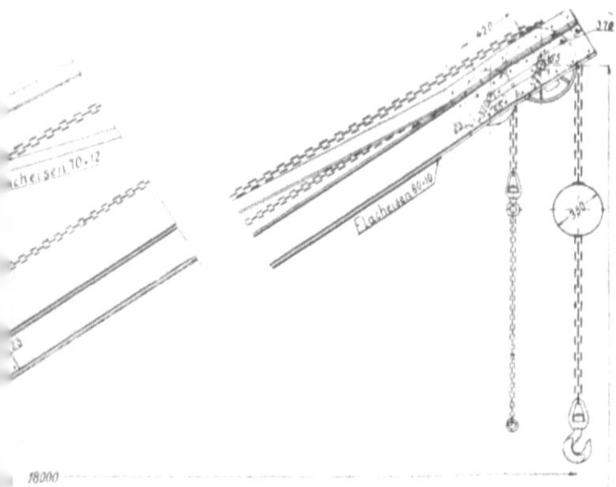

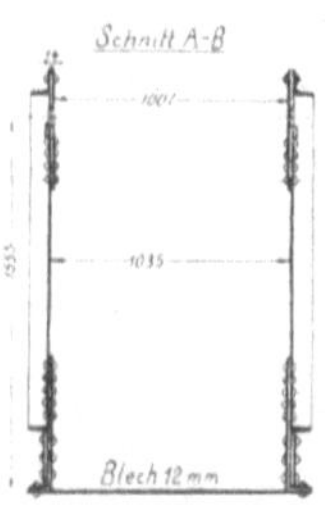

Fig. 3.

...arer Dampfdrehkrahn 3500 kg

mit Greifervorrichtung.

Ausladung 18 m. max. Hub 18 m

...bauer Duisburger Maschinenfabrik J. Jaeger

Duisburg

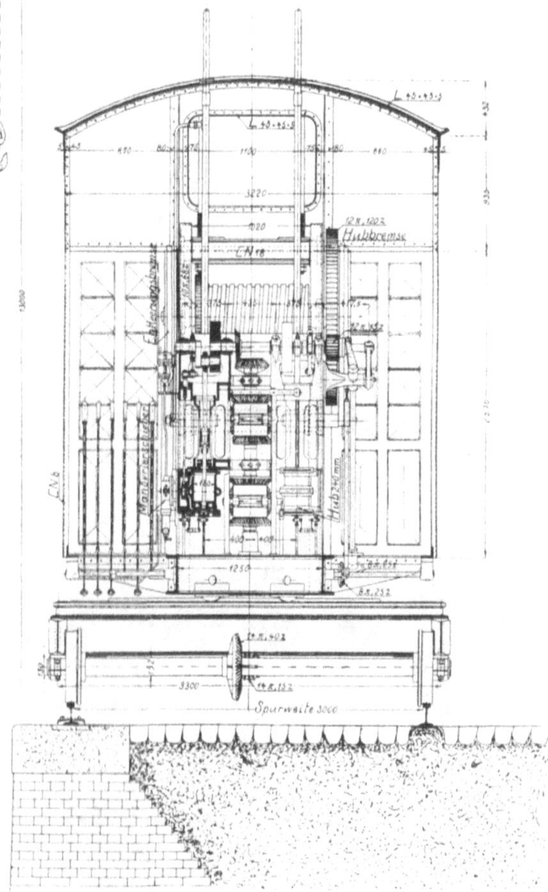

Fig. 2.

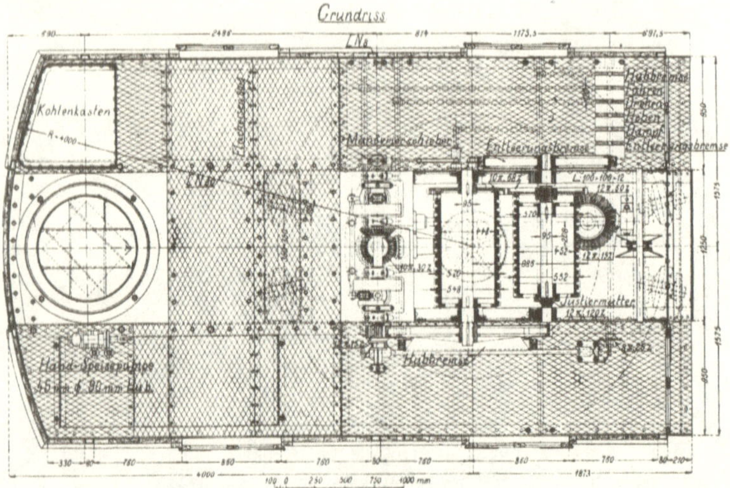

Fig. 1.

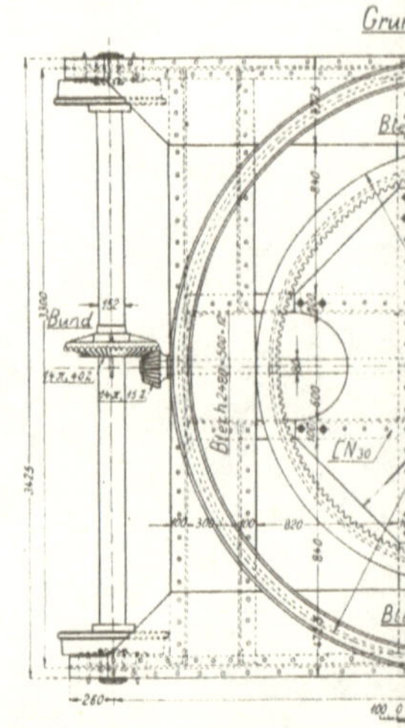

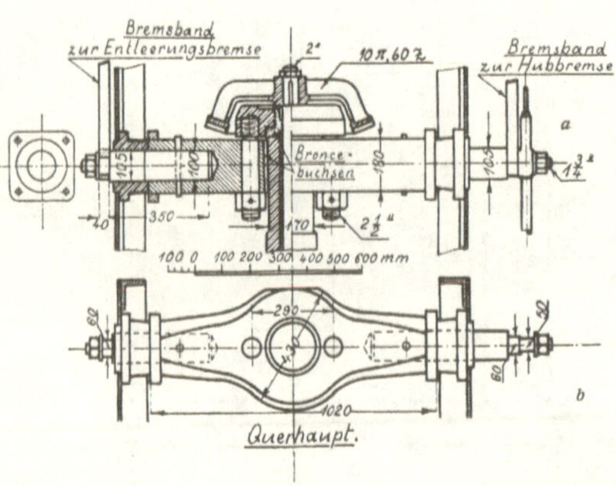

Fig. 5.

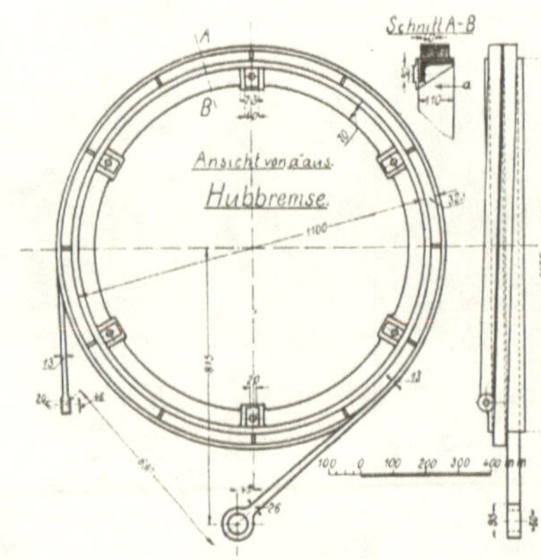

Fig. 6.

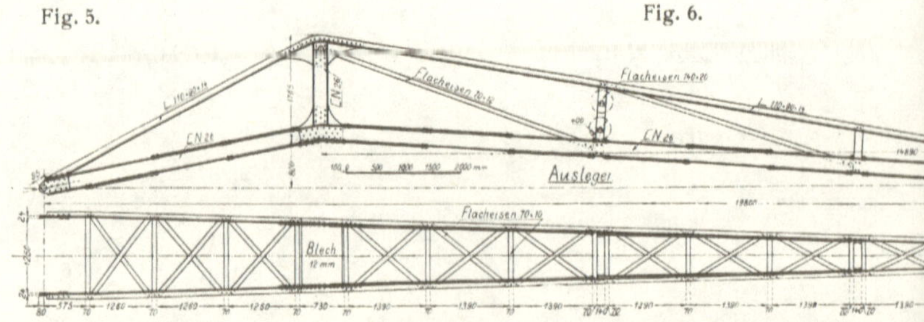

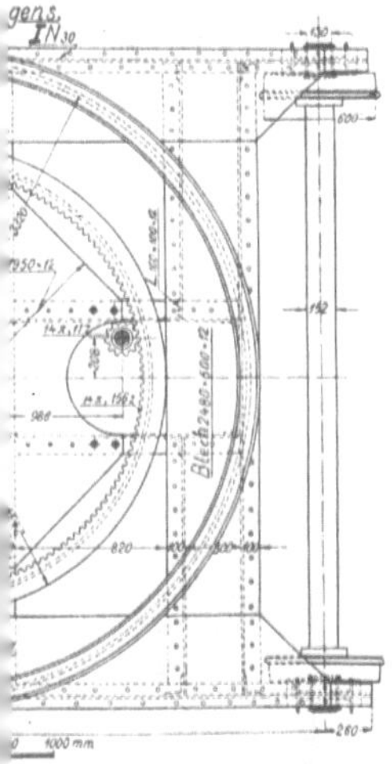

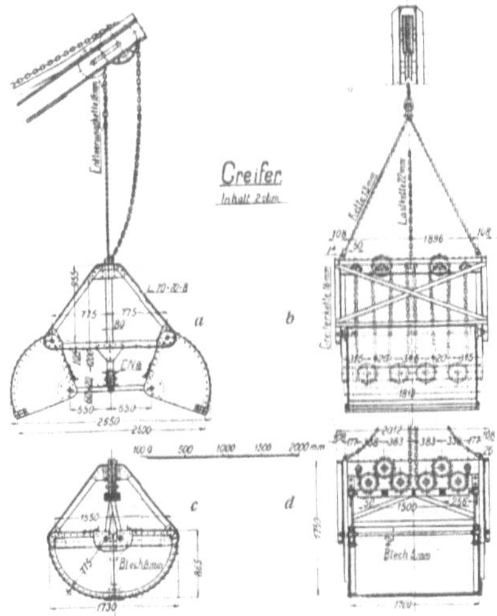

Fig. 3.

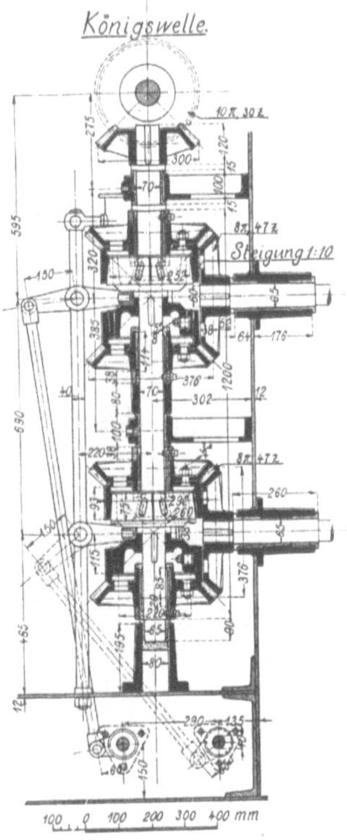

Fig. 4.

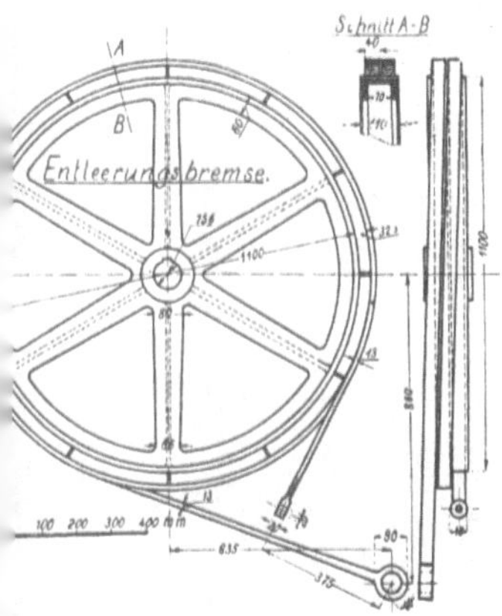

Fig. 7.

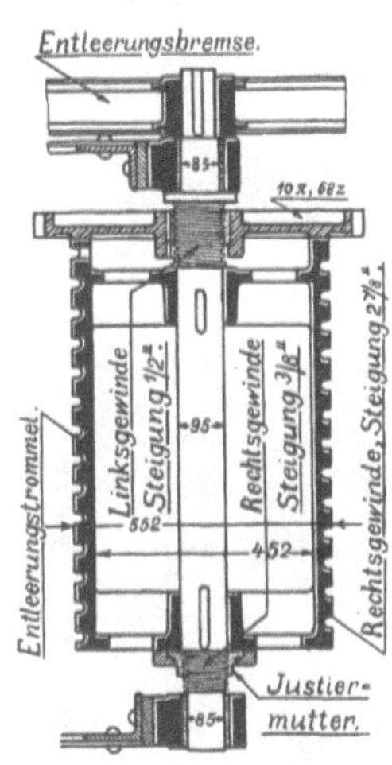

Fig. 8.

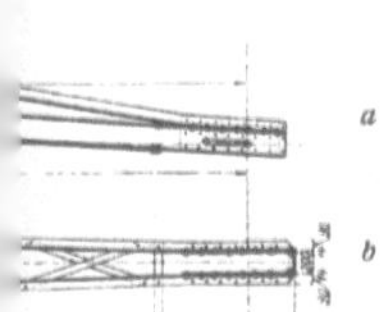

Fig. 9.

Fahrbarer
Dampfdrehkran 3500 kg
mit Greiferbetrieb.
Ausladung: 18 m, max Hub: 18 m.
Erbauer: Duisburger Maschinenfabrik J. Jaeger.
Duisburg.

…g, München u. Berlin.

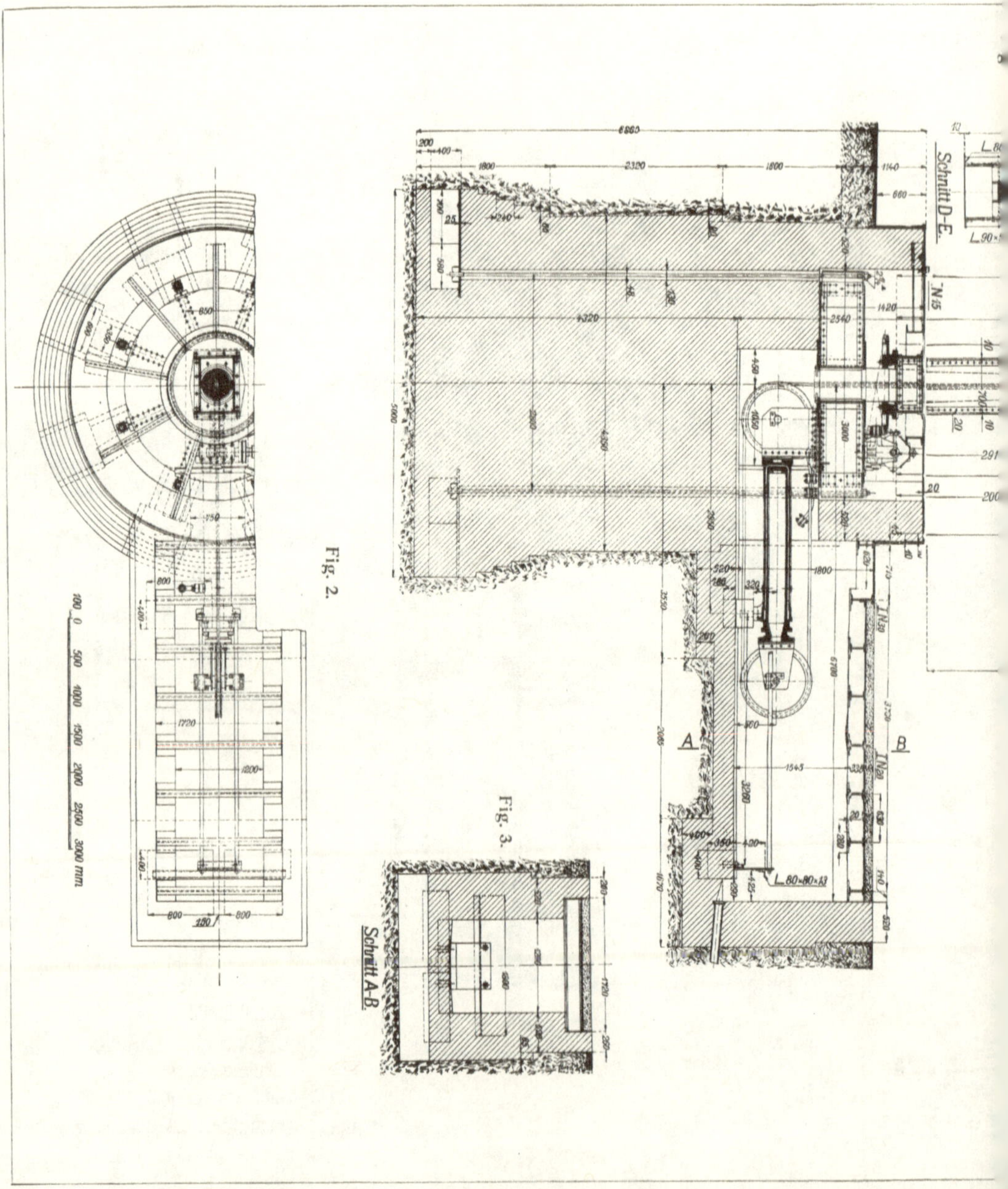

Druck und Verlag vo

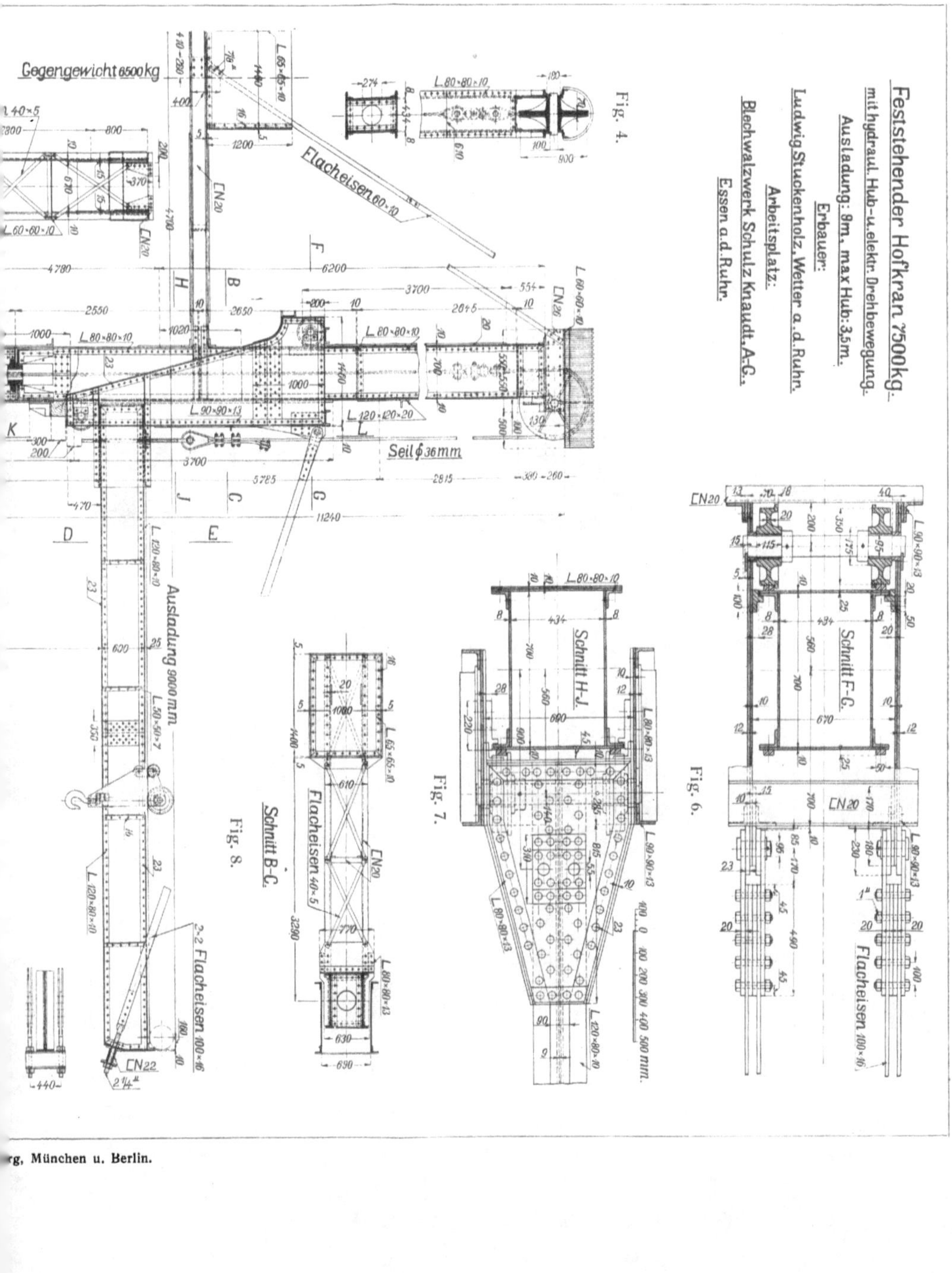

rg, München u. Berlin.

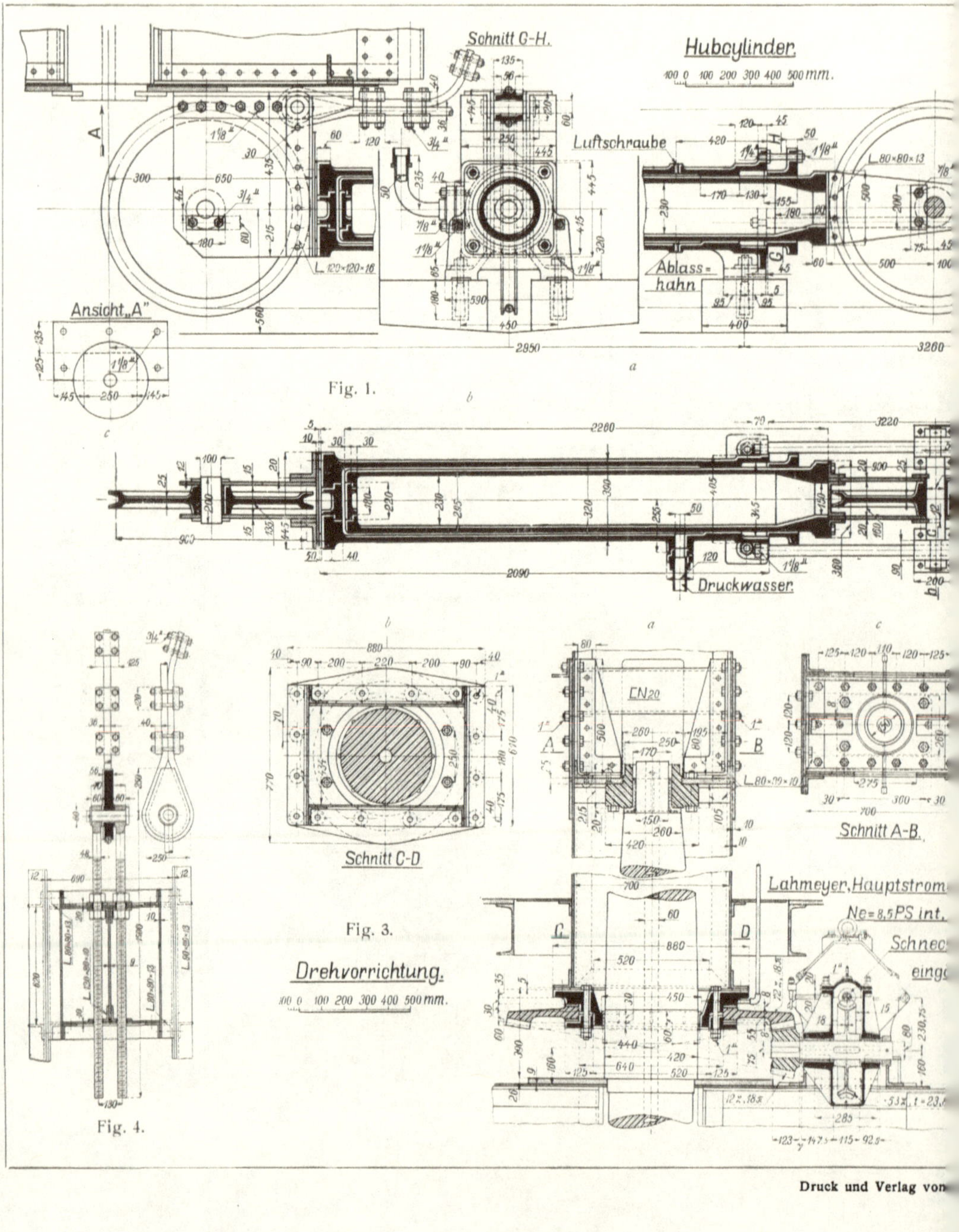

Fig. 1.

Fig. 3.

Fig. 4.

Druck und Verlag von

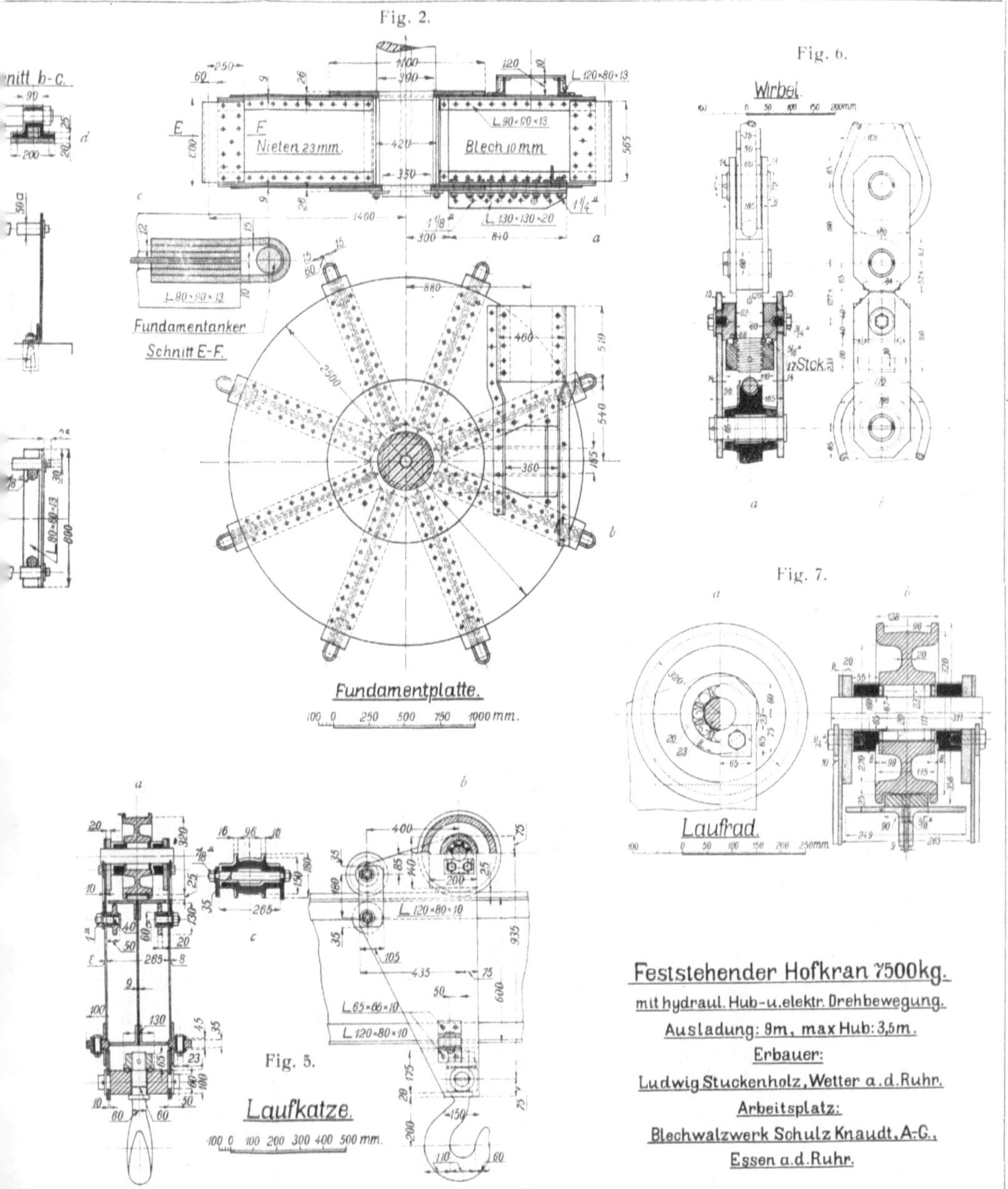

Feststehender Hofkran 7500kg.

mit hydraul. Hub- u. elektr. Drehbewegung.

Ausladung: 9m, max Hub: 3,5m.

Erbauer:

Ludwig Stuckenholz, Wetter a.d.Ruhr.

Arbeitsplatz:

Blechwalzwerk Schulz Knaudt, A-G.,

Essen a.d.Ruhr.

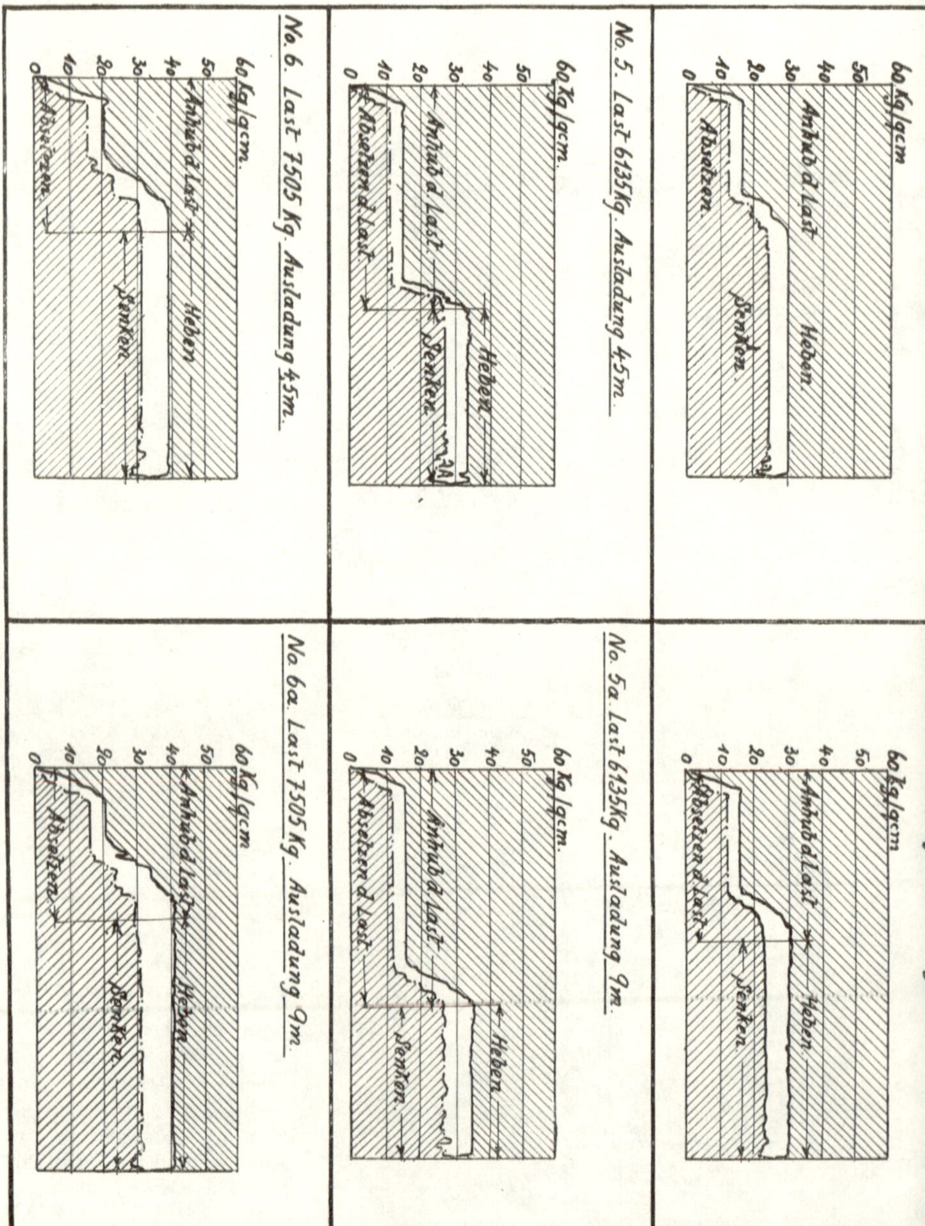

Druck und Verlag vo

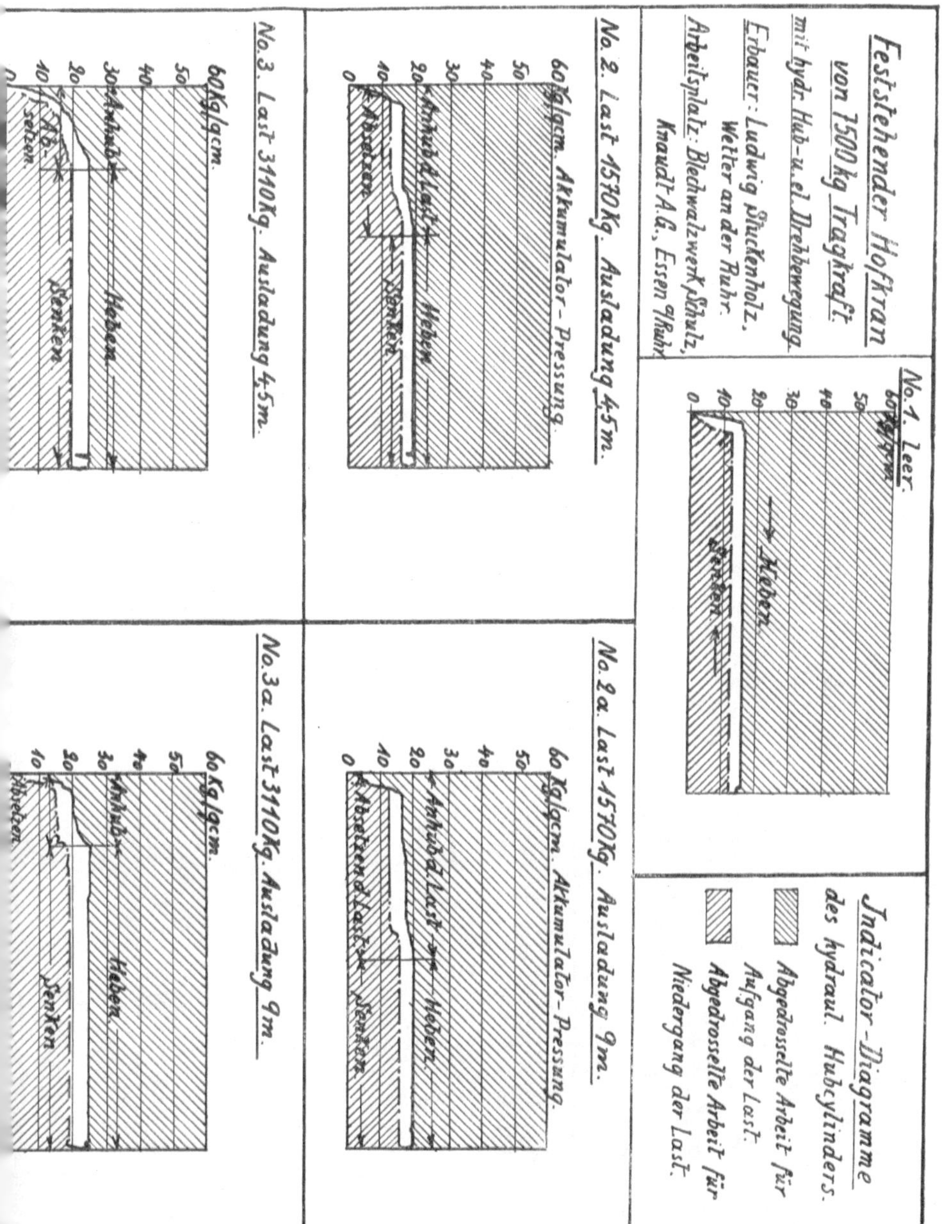

…burg, München und Berlin.

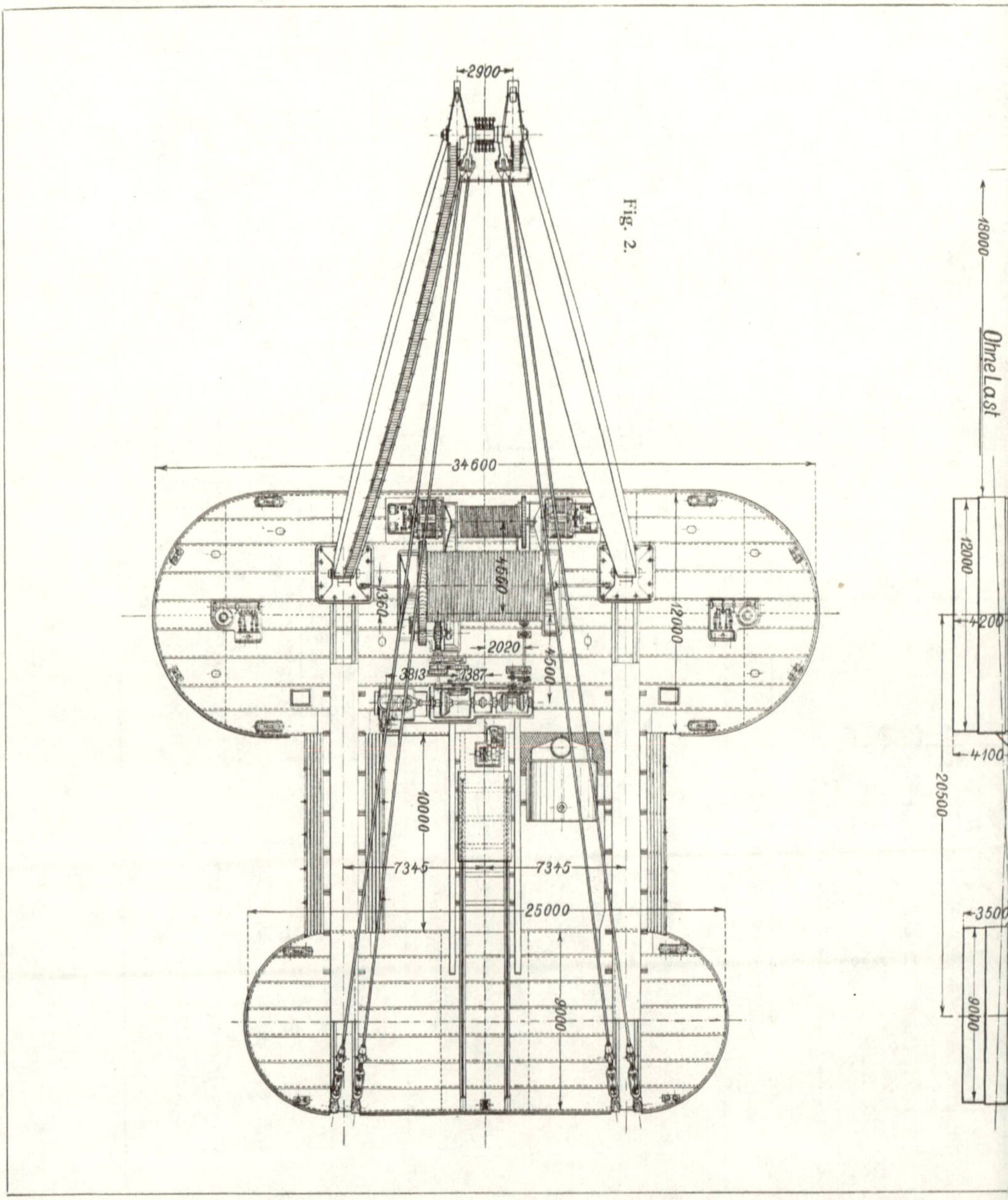

Druck und Verlag von R

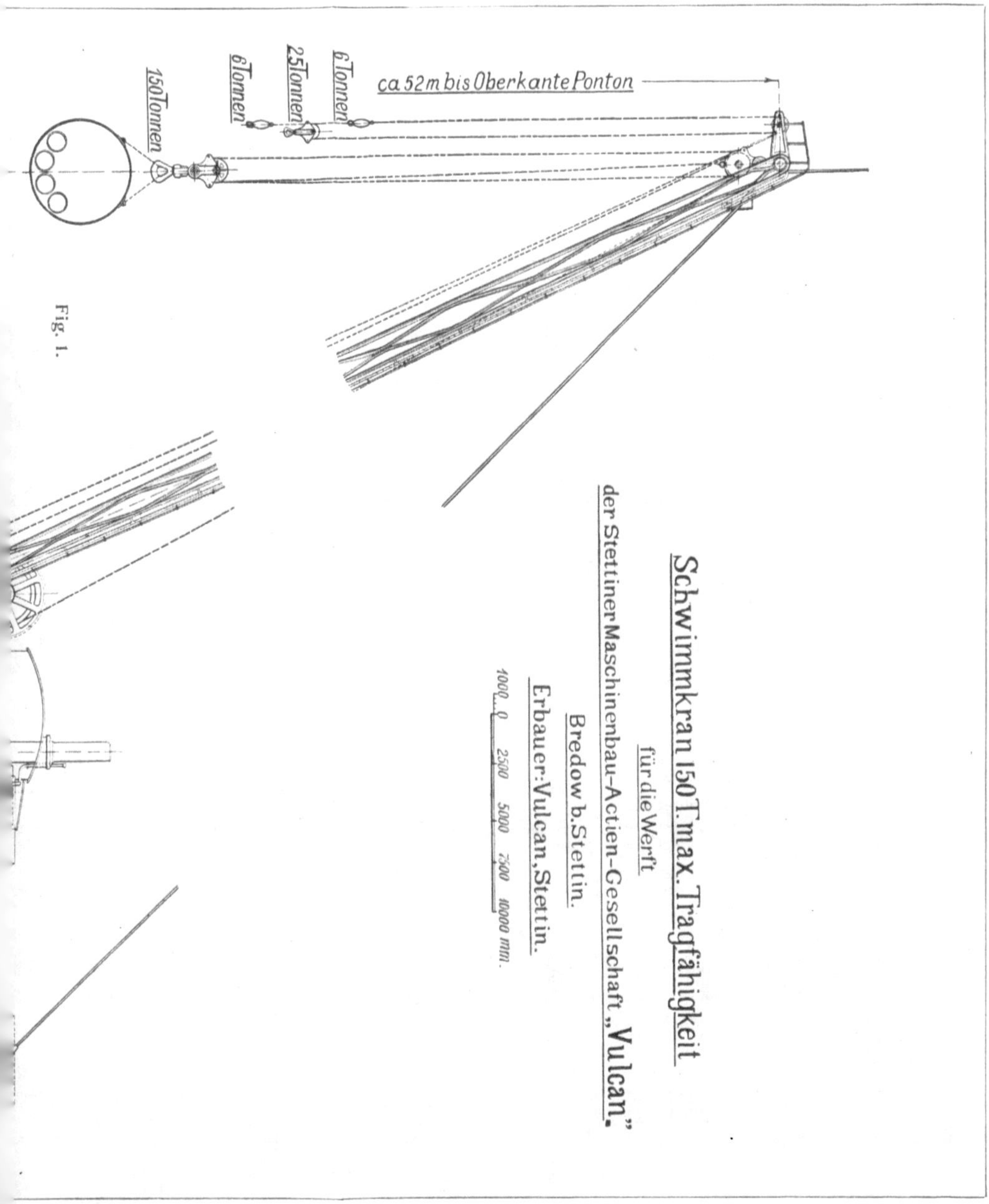
ca 52m bis Oberkante Ponton
6 Tonnen
25 Tonnen
6 Tonnen
150 Tonnen
Fig. 1.
Schwimmkran 150 T. max. Tragfähigkeit
für die Werft
der Stettiner Maschinenbau-Actien-Gesellschaft „Vulcan.“
Bredow b. Stettin.
Erbauer: Vulcan, Stettin.
1000 0 2500 5000 7500 10000 mm.

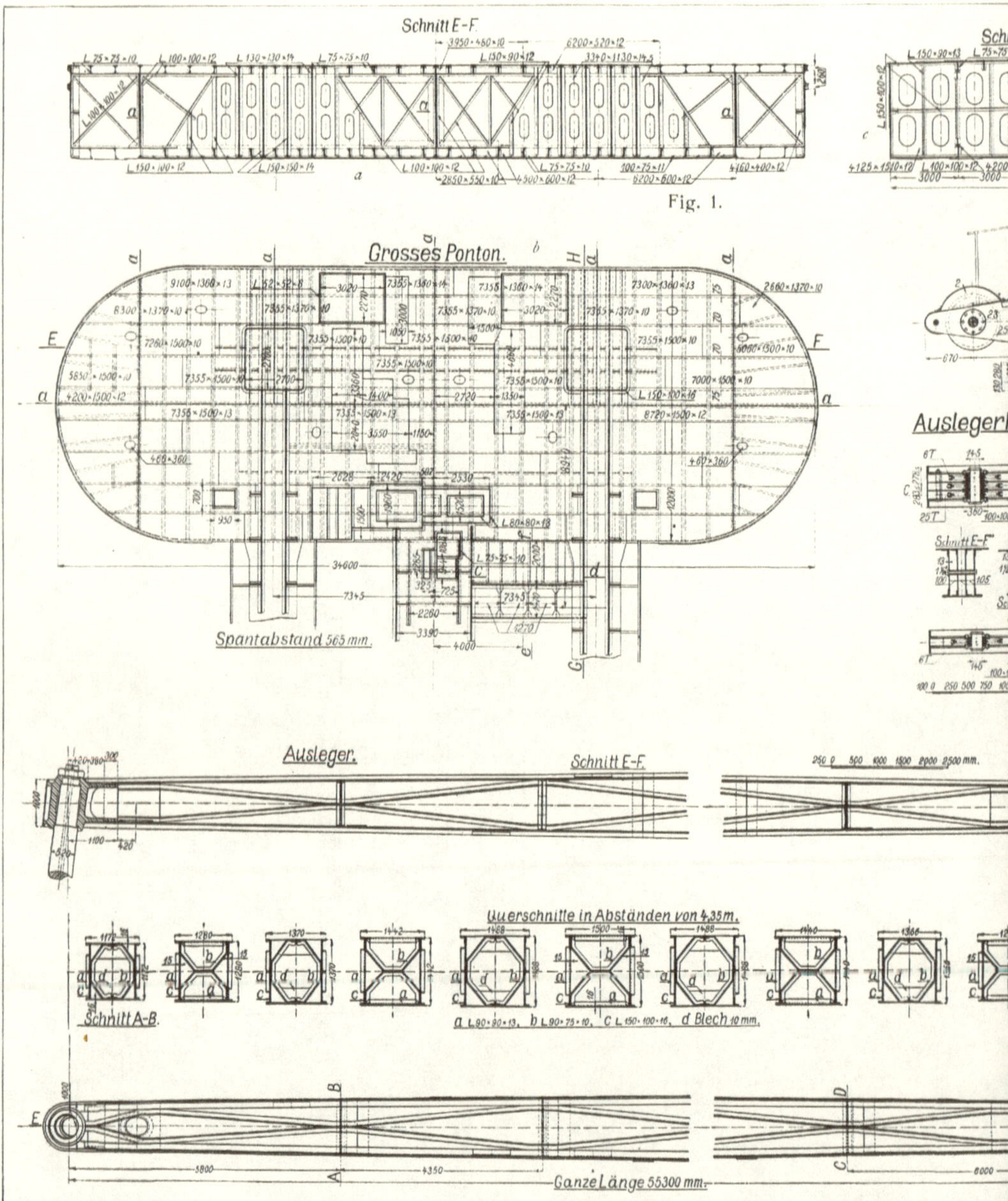

Fig. 1.

Druck und Verlag von

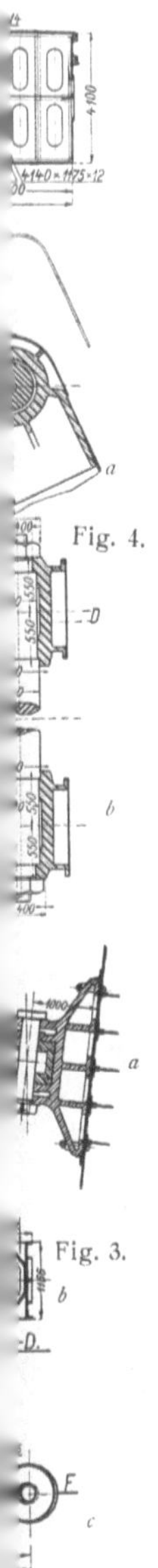

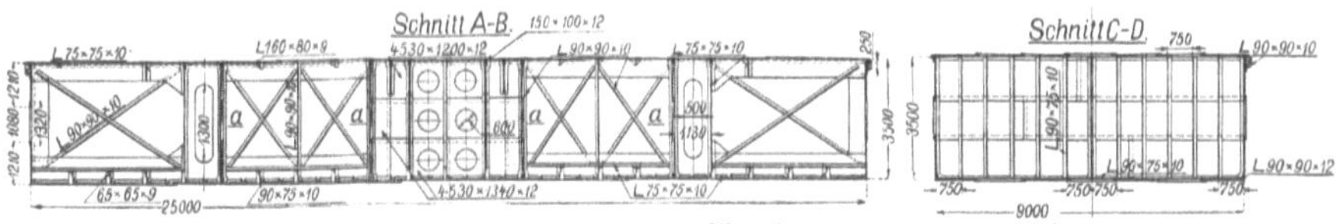

Fig. 2.

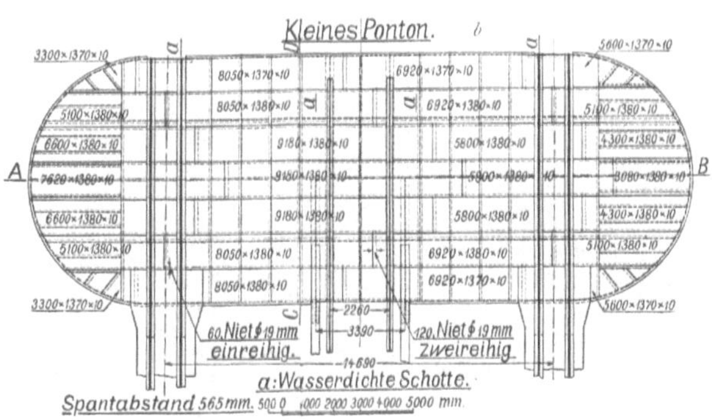

Fig. 5.

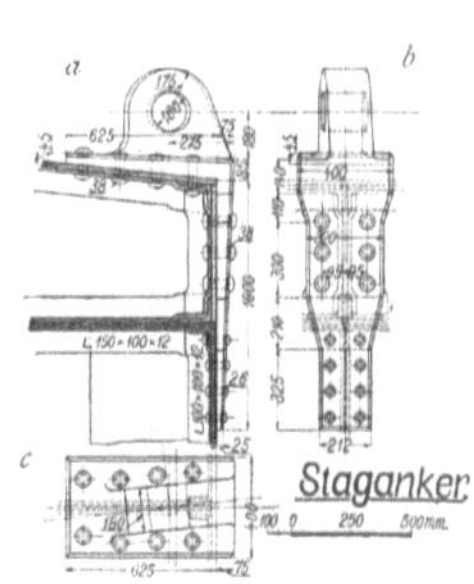

Fig. 6.

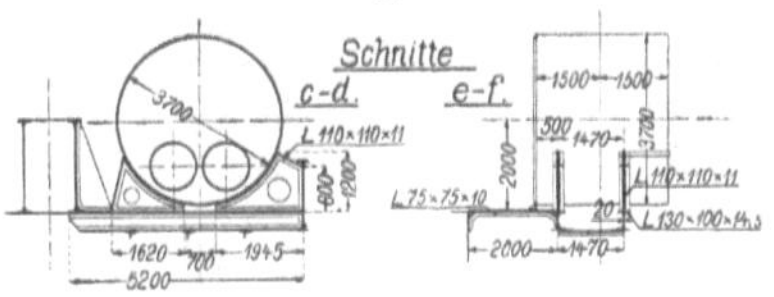

Fig. 7.

Fig. 8.

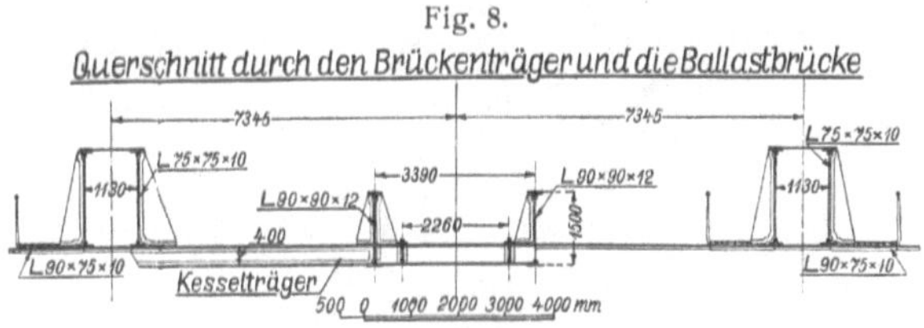

Schwimmkran 150 T. max. Tragfähigkeit

für die Werft der Stettiner Maschinenbau A.-G. „Vulcan".

Bredow b. Stettin.

Erbauer: Vulcan, Stettin.

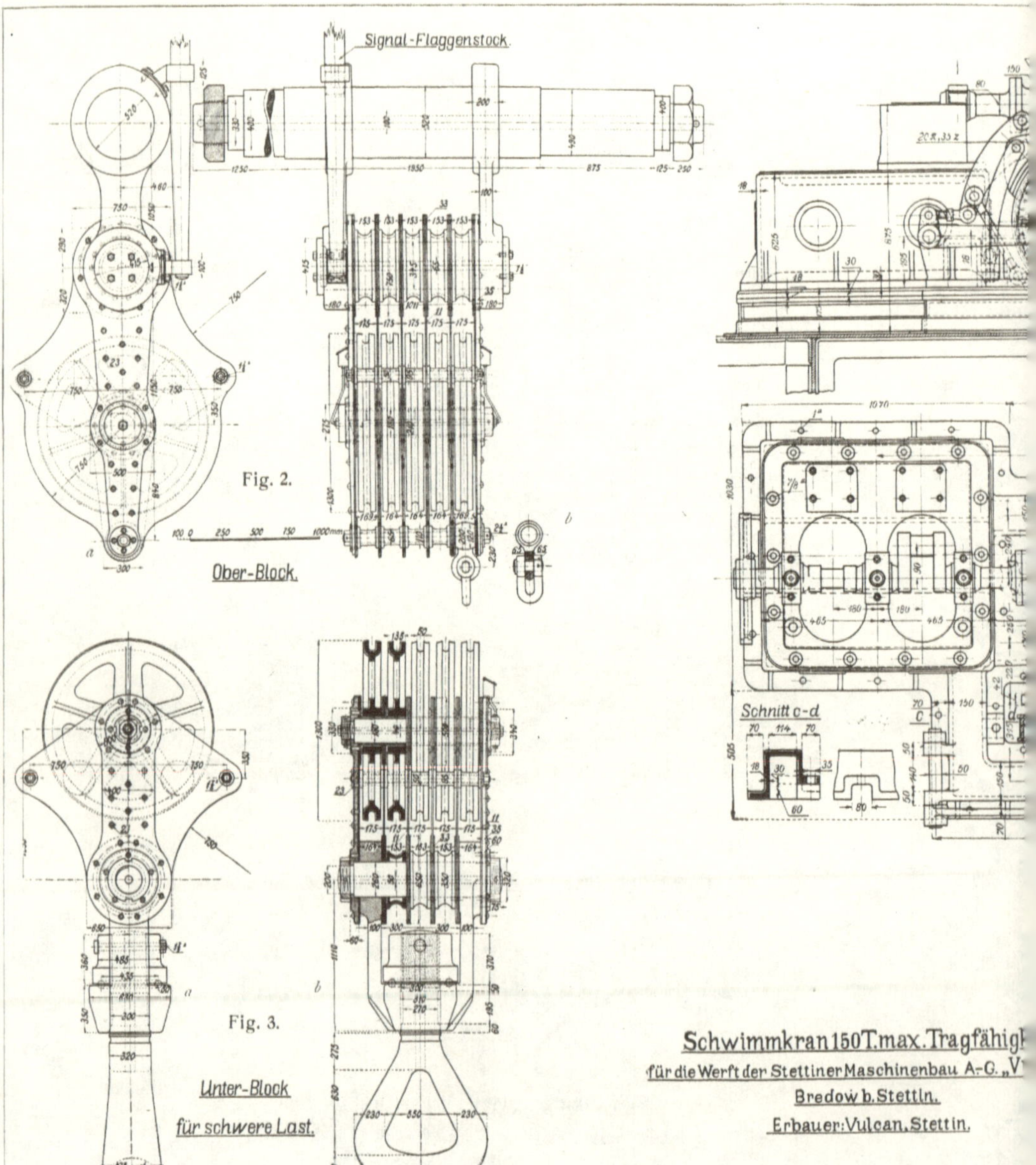

Druck und Verlag von R. C

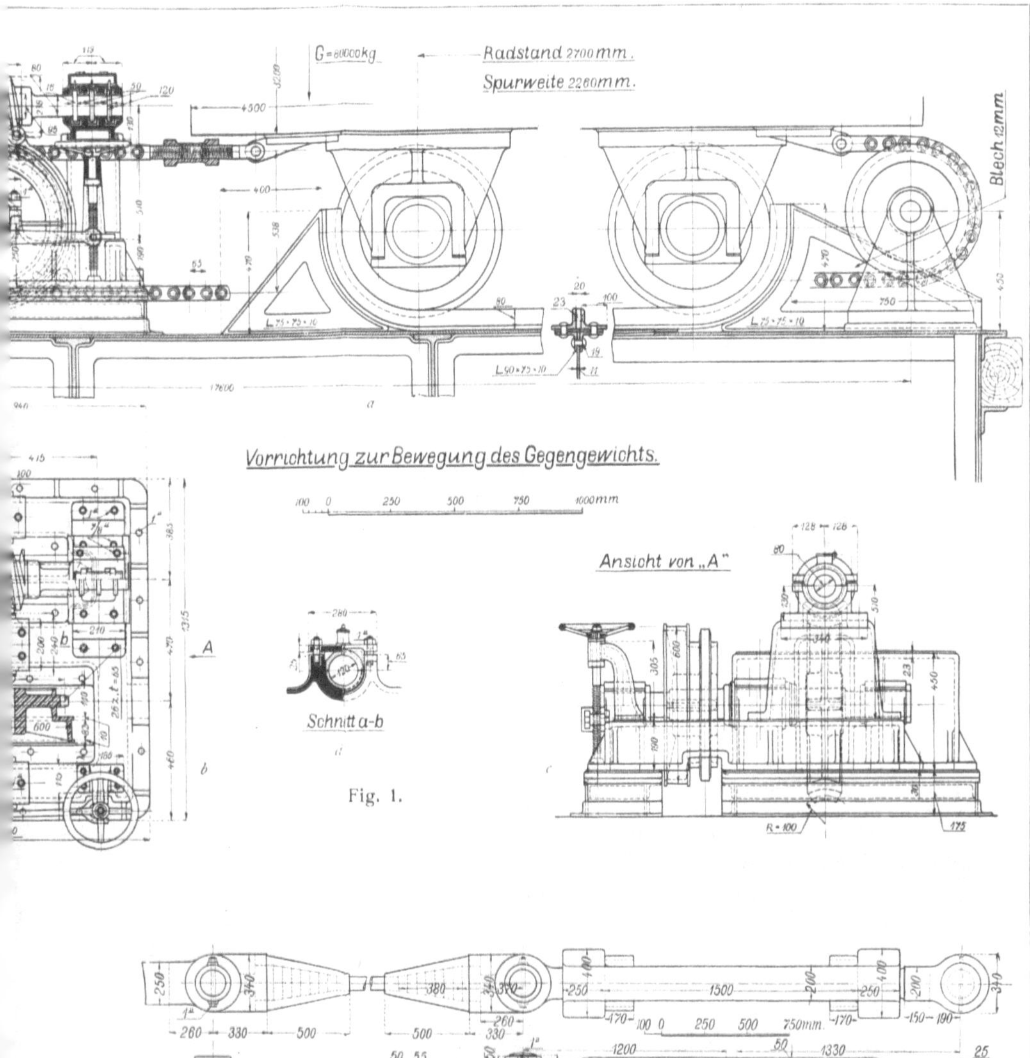

Fig. 1.

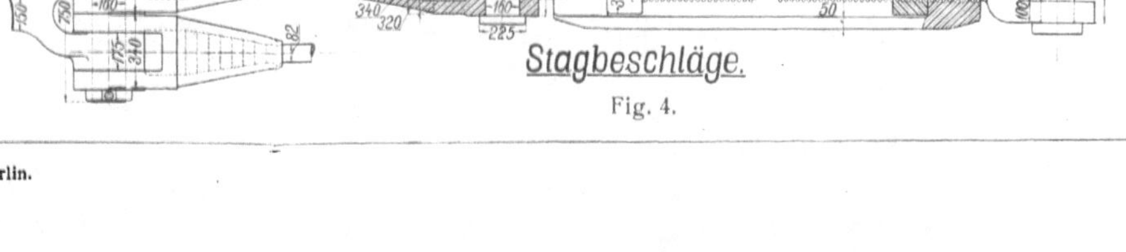

Fig. 4.

München u. Berlin.

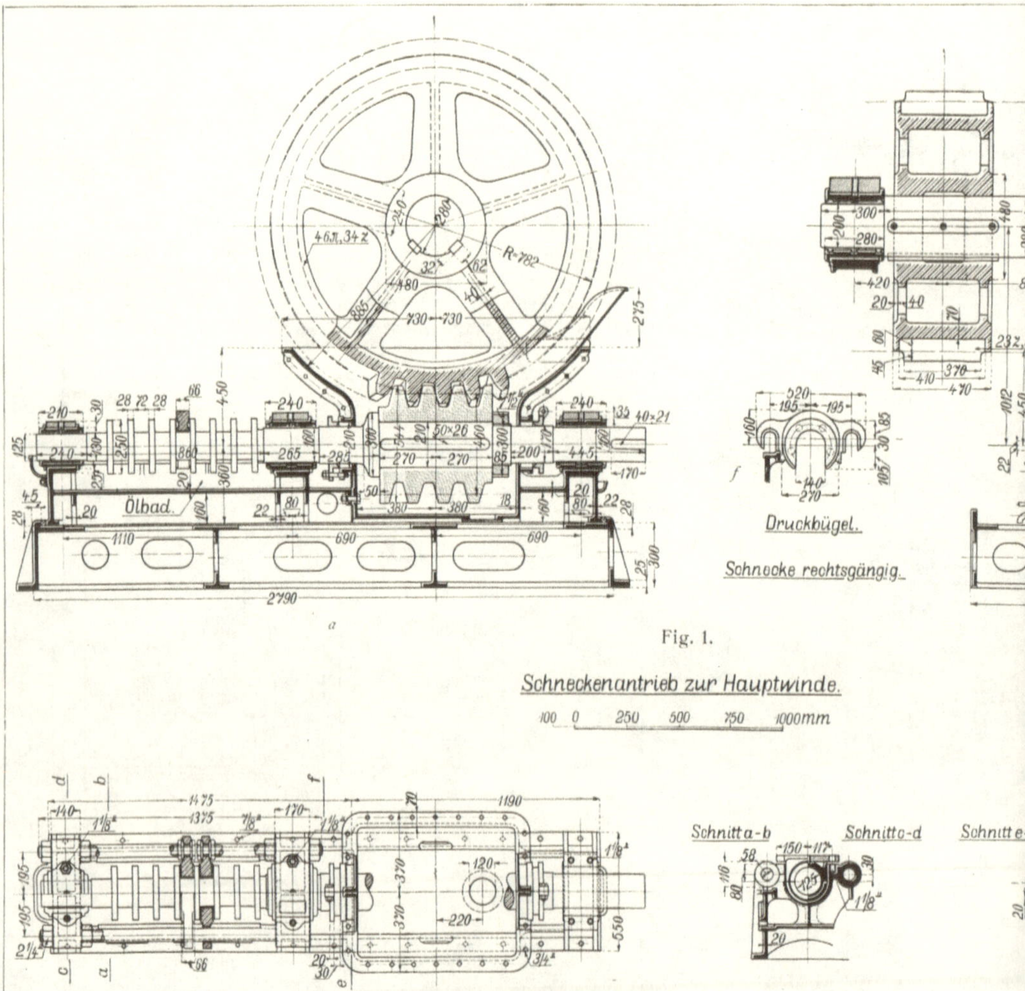

Fig. 1.

Schneckenantrieb zur Hauptwinde.

Schwimmkran 150 T. max. Tragfähigkeit
für die Werft der Stettiner Maschinenbau A.-G. „Vulcan".
Bredow b. Stettin.
Erbauer: Vulcan, Stettin.

Druck und Verlag vo

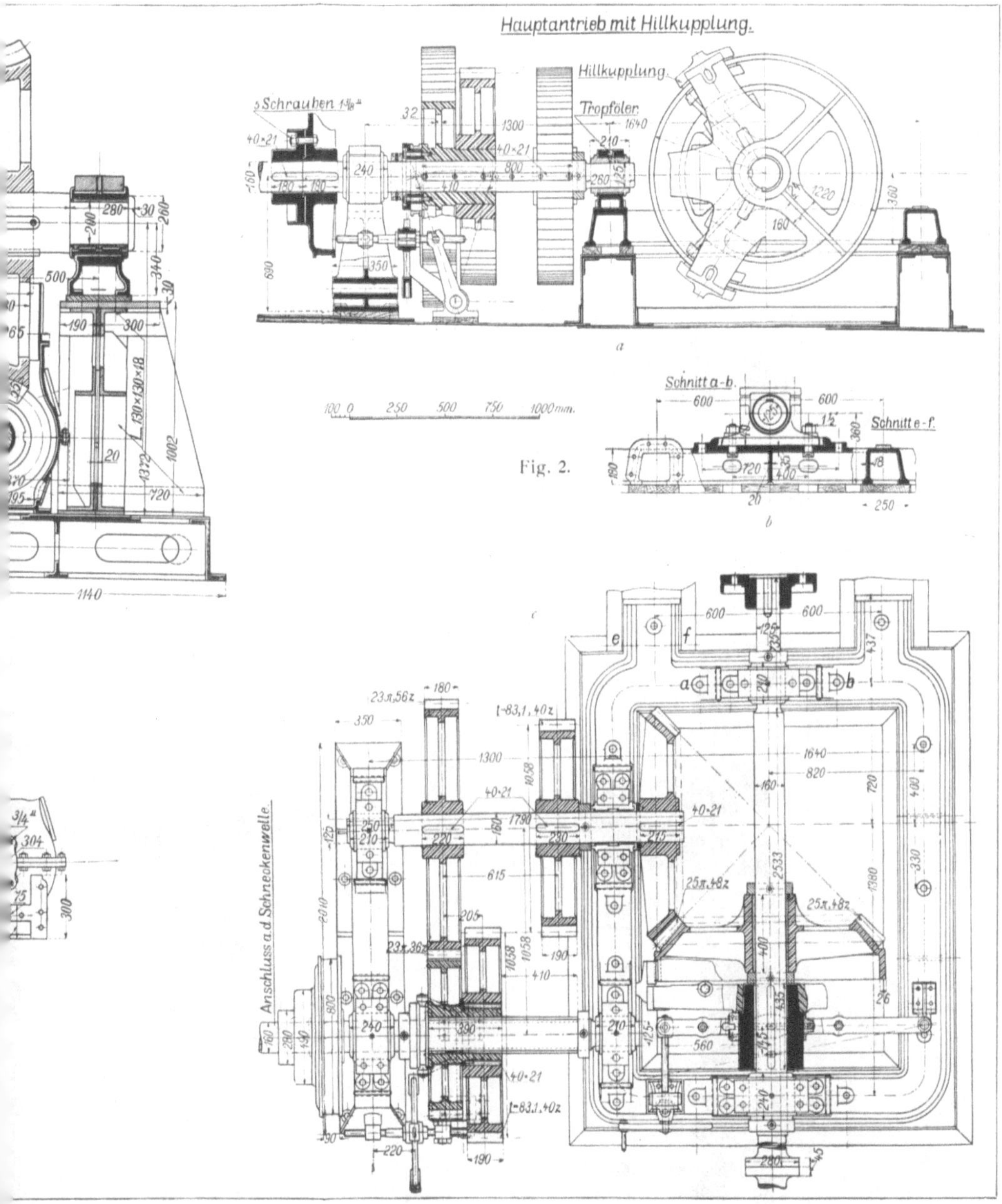

rg, München u. Berlin.

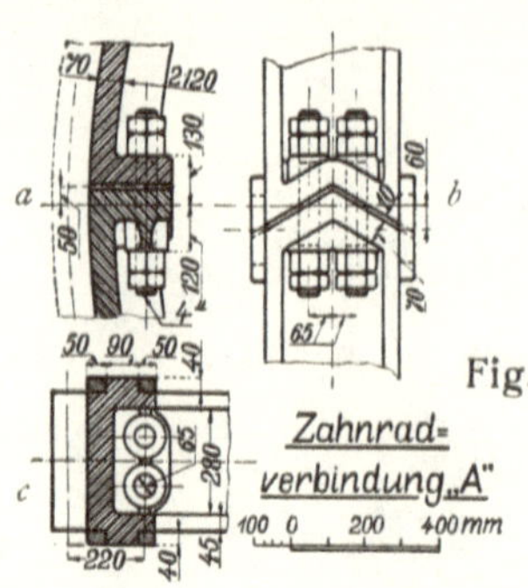

Fig. 2.

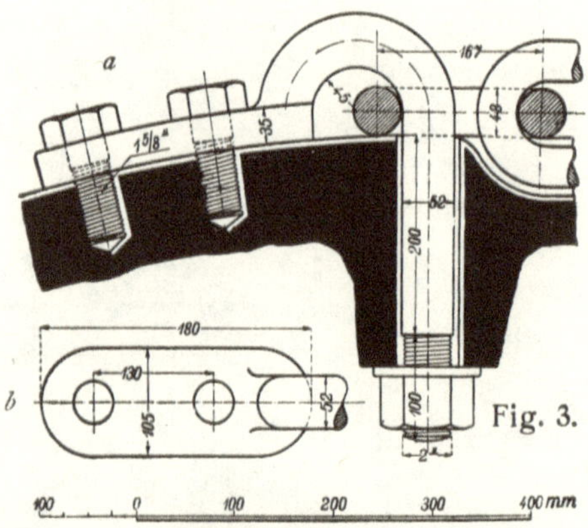

Fig. 3.

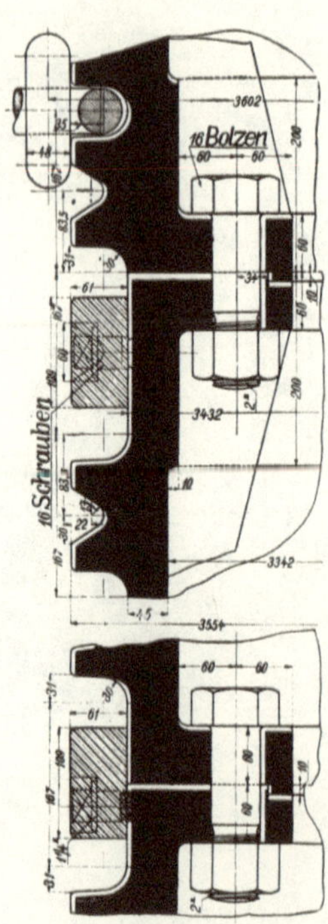

Fig. 5.

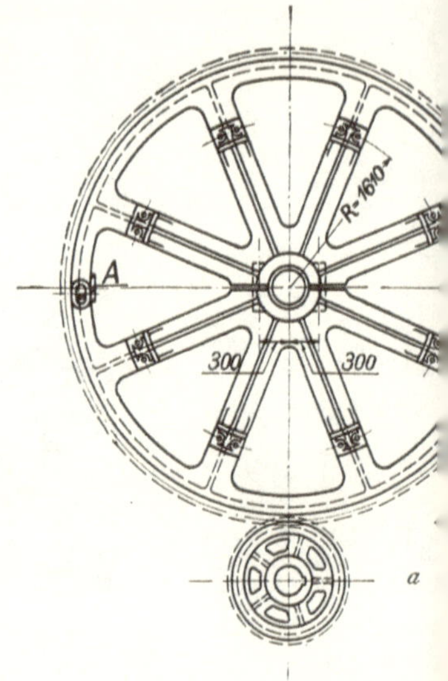

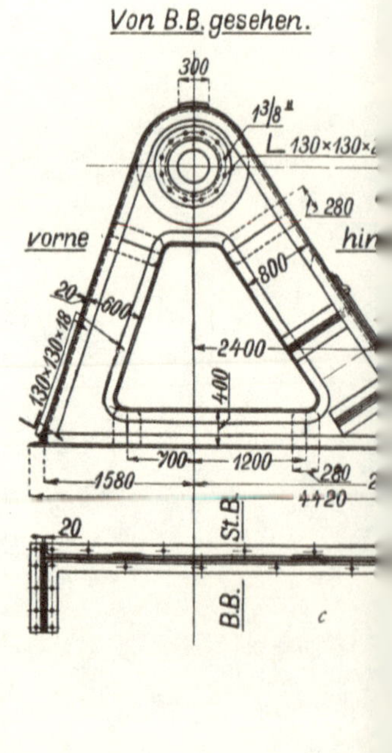

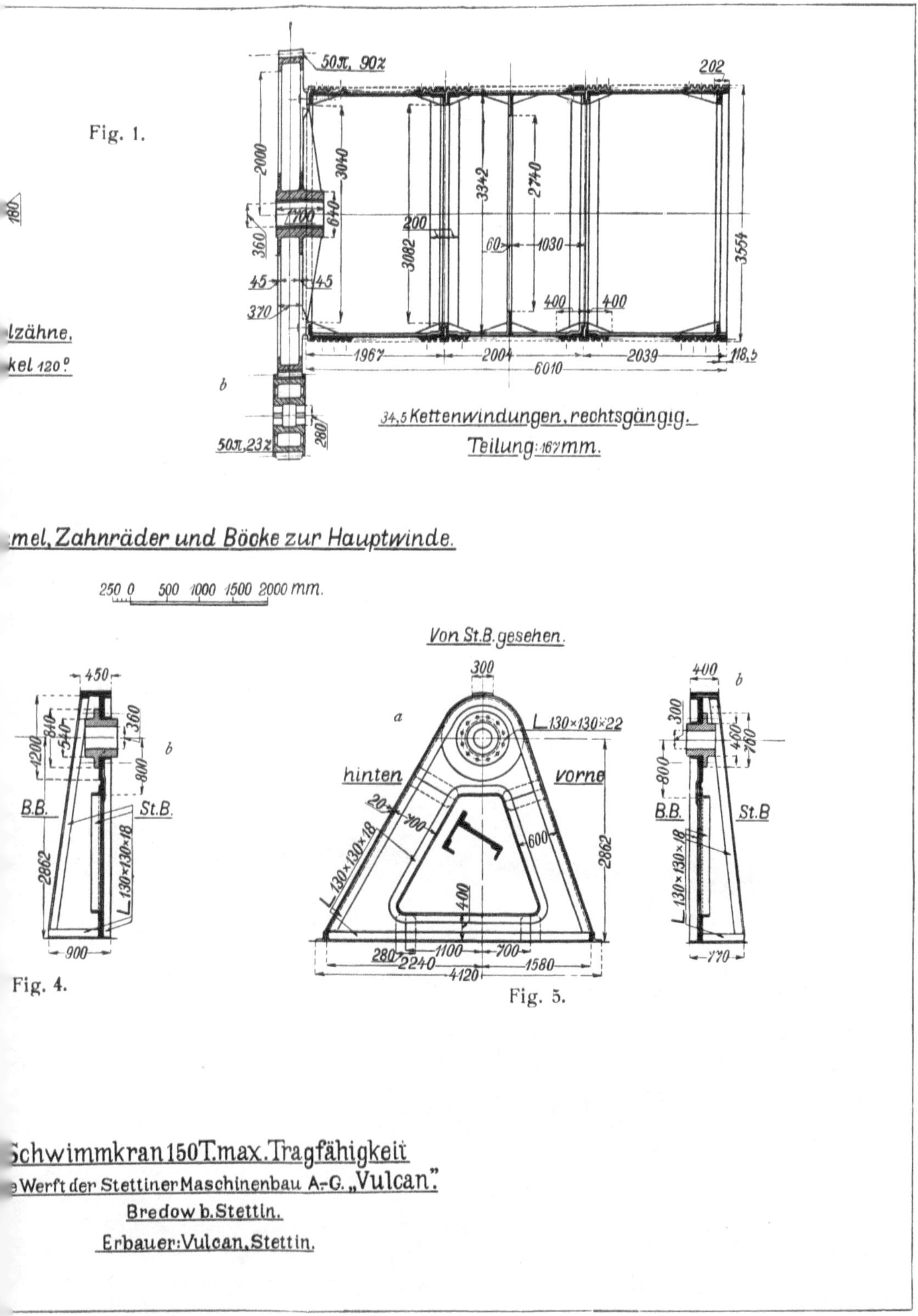

ırg, München u. Berlin.

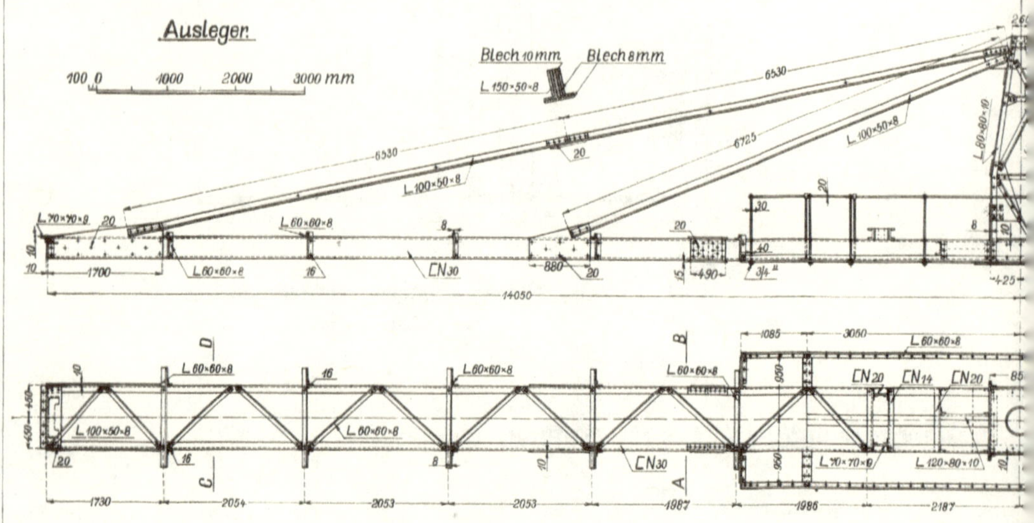

Fig. 2.

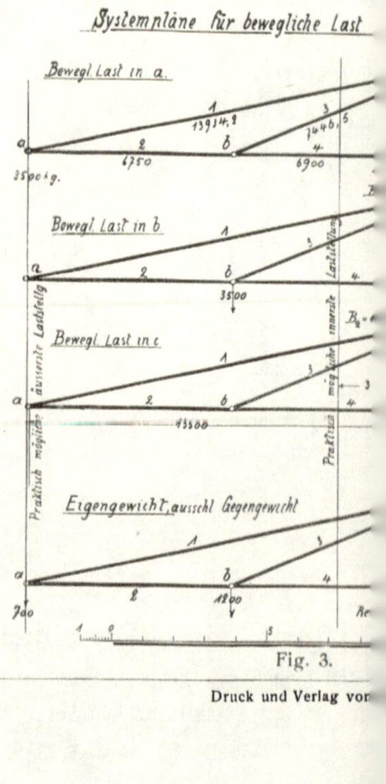

Fig. 3.

Druck und Verlag von

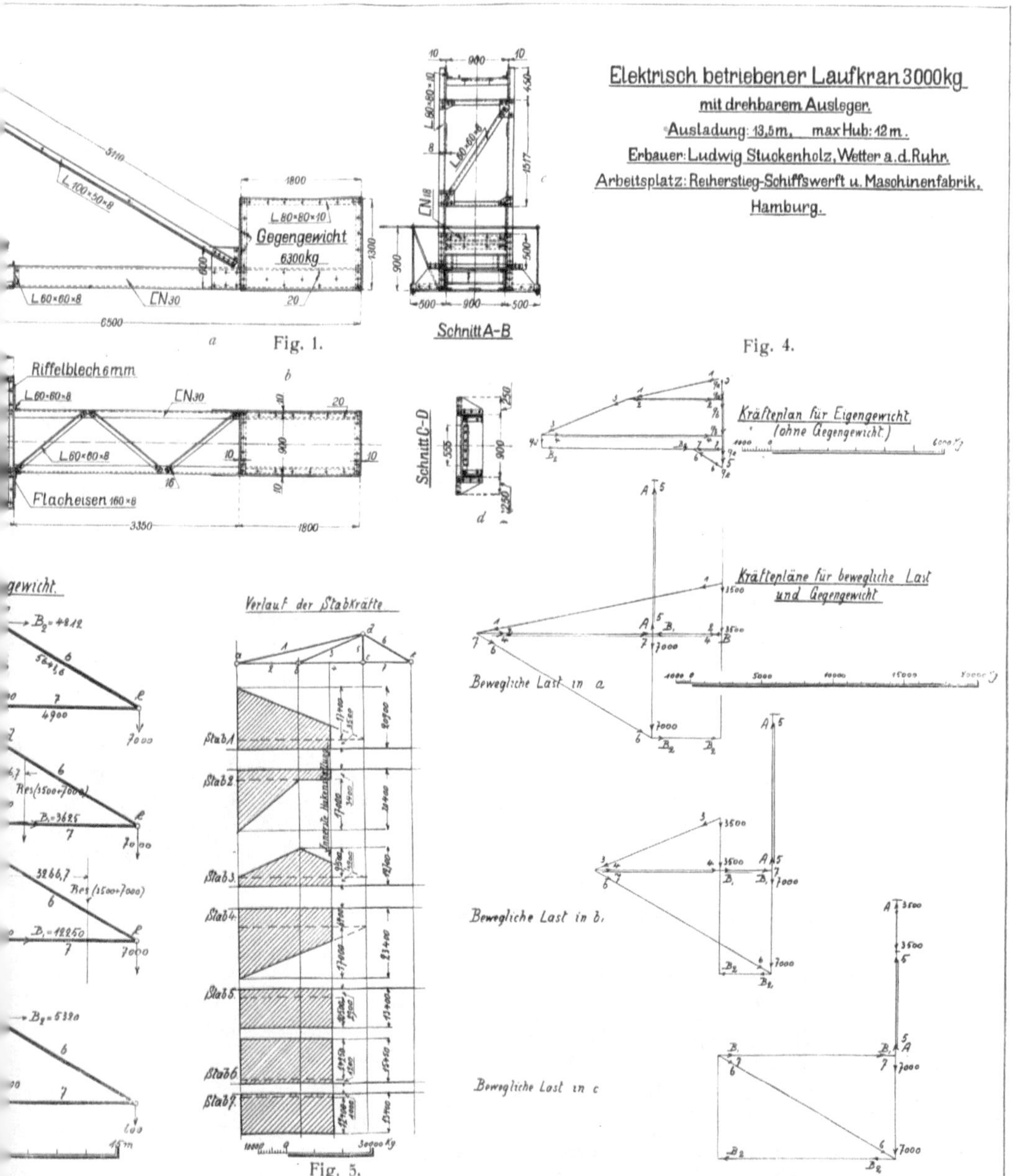

Fig. 1.

Fig. 4.

Fig. 5.

rg, München u. Berlin.

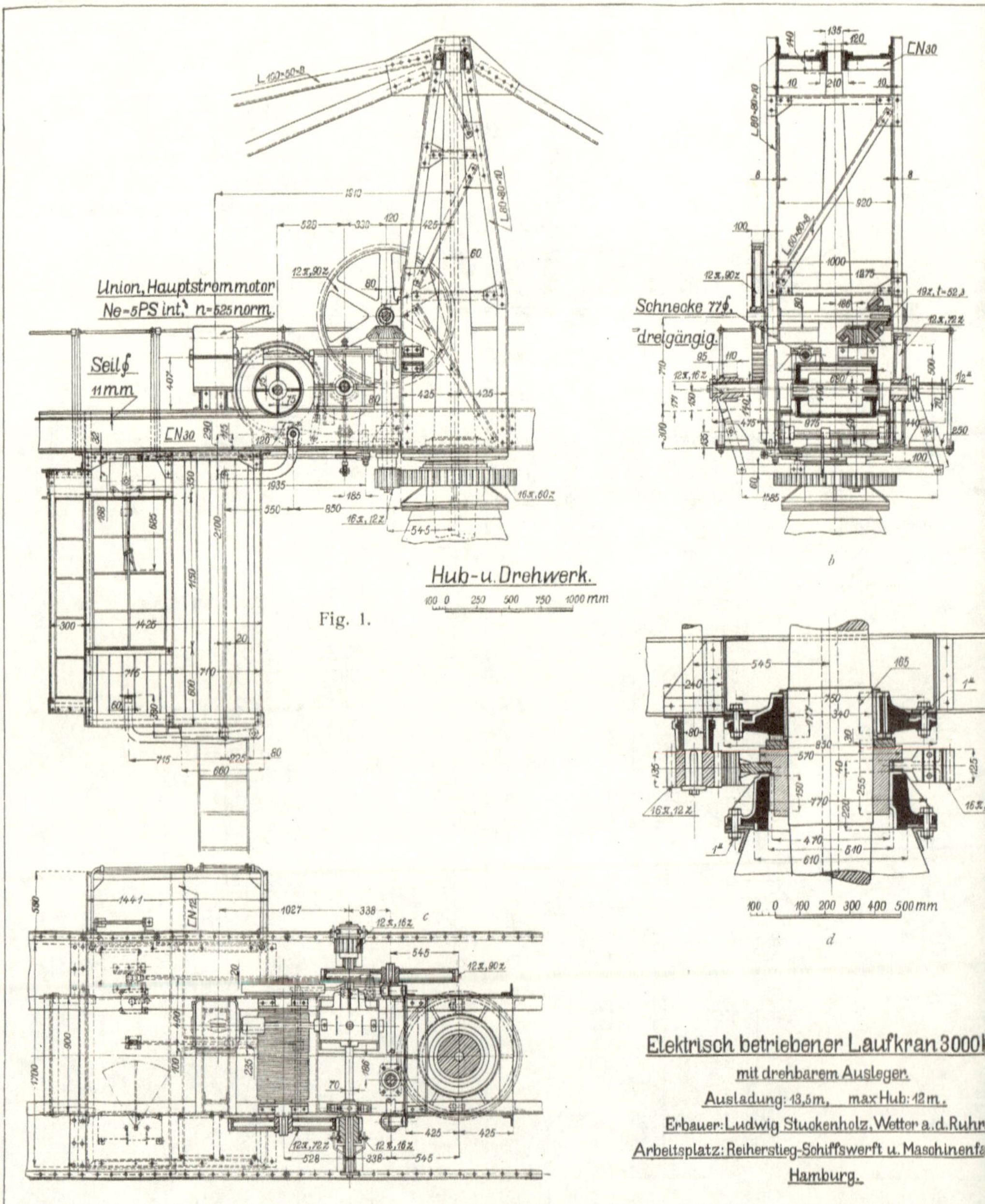
Union, Hauptstrommotor
Ne=5PS int. n=525 norm.
Seil ∅ 11 mm
CN30
Hub-u. Drehwerk.
100 0 250 500 750 1000 mm
Schnecke 77∅. dreigängig.
b
100 0 100 200 300 400 500 mm
d
c
Elektrisch betriebener Laufkran 3000
mit drehbarem Ausleger.
Ausladung: 13,5 m, max Hub: 12 m.
Erbauer: Ludwig Stuckenholz, Wetter a. d. Ruhr
Arbeitsplatz: Reiherstieg-Schiffswerft u. Maschinenfa
Hamburg.
Fig. 1.

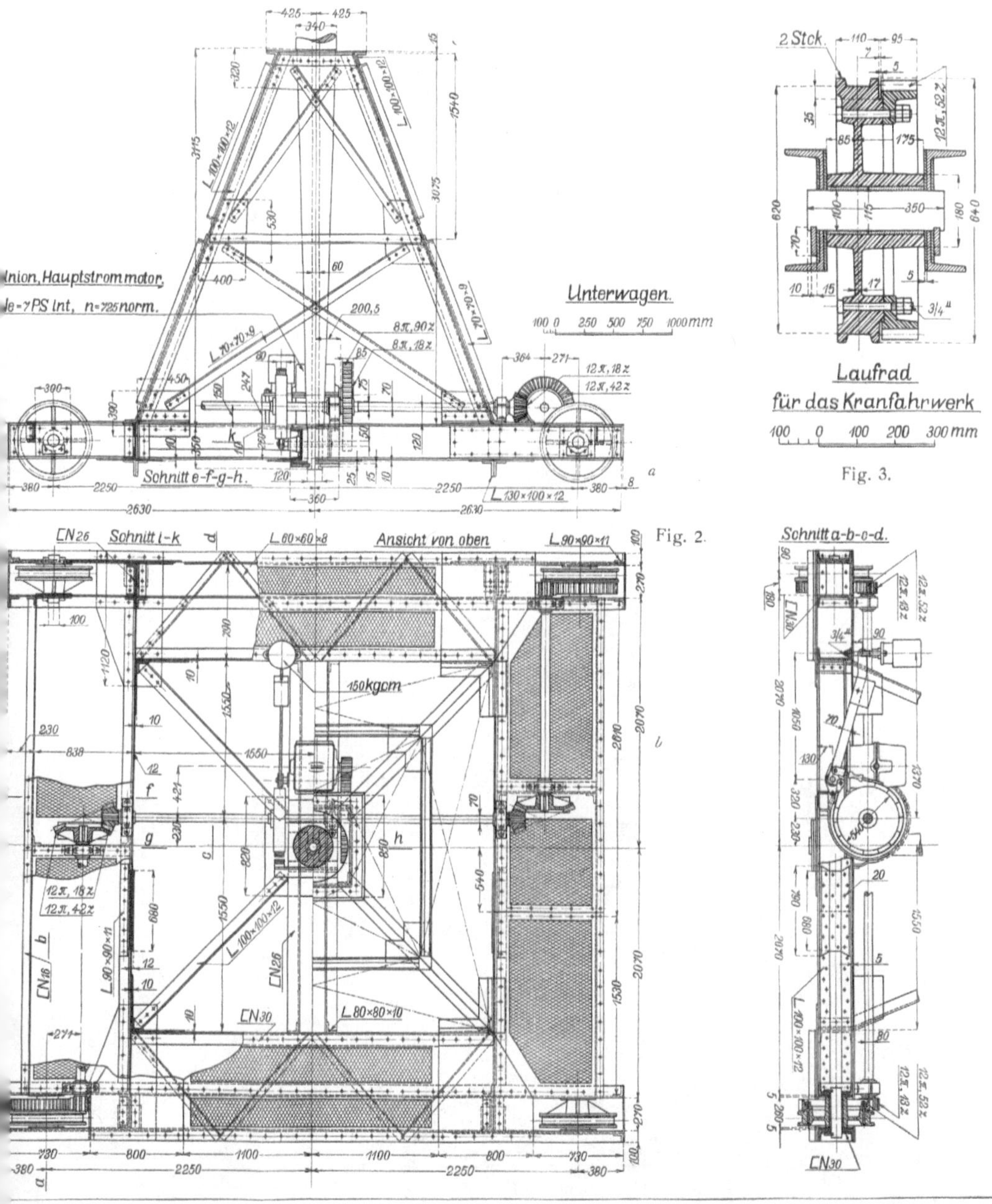

Fig. 2.

Fig. 3.

g, München u. Berlin.

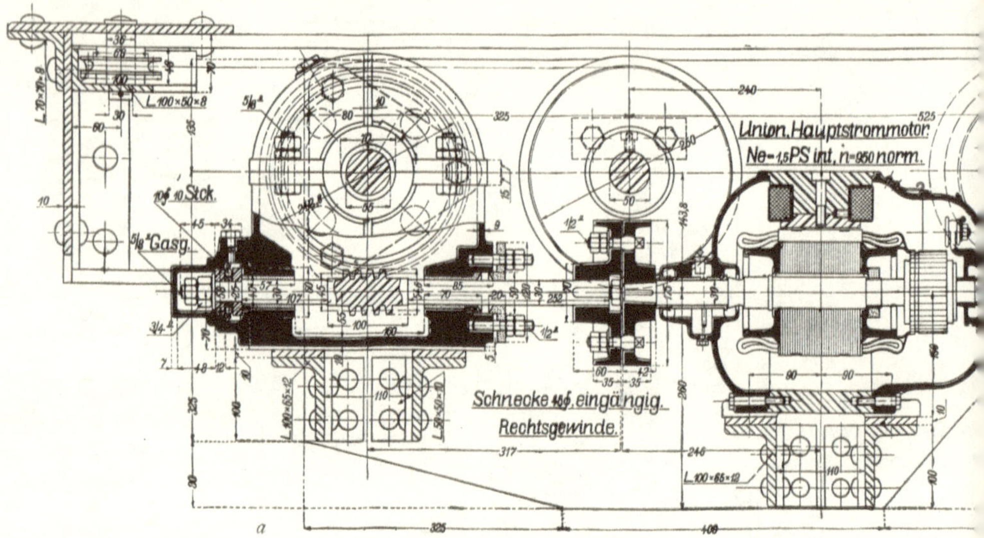

Fig. 1. Laufkatze.

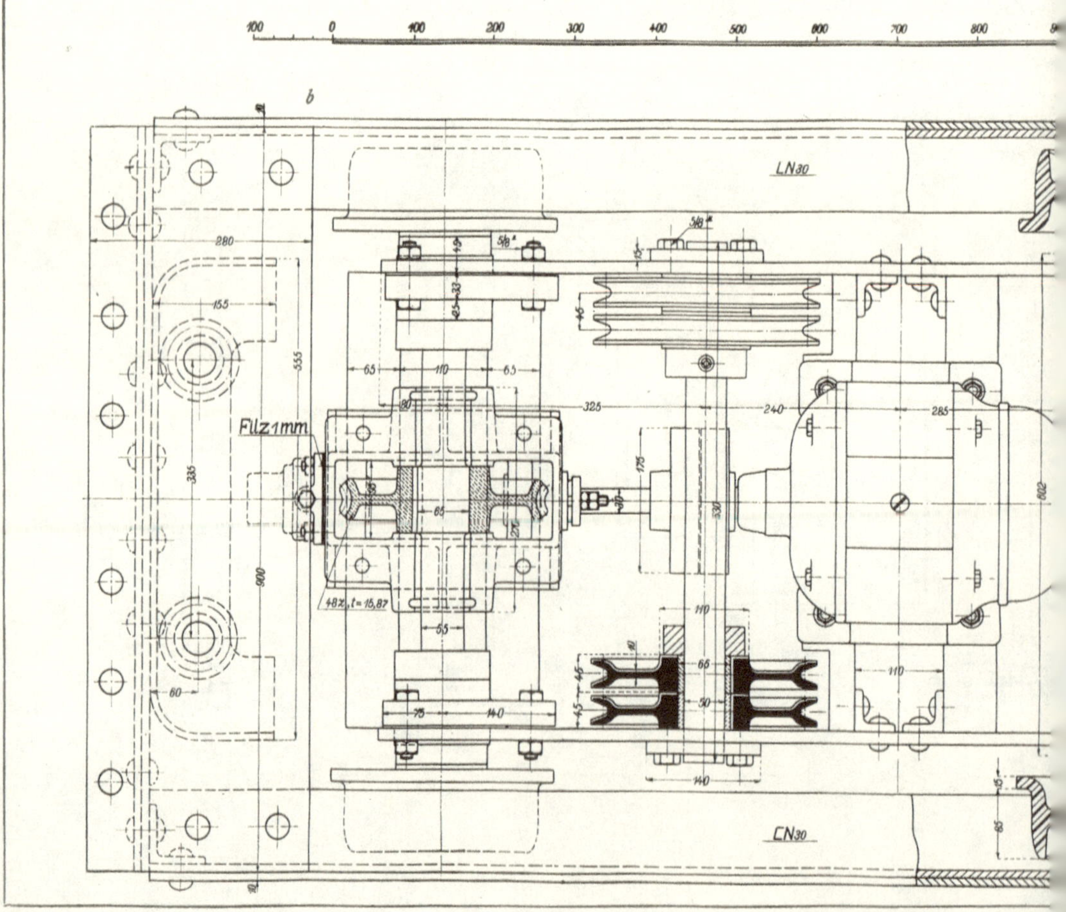

Druck und Verlag von

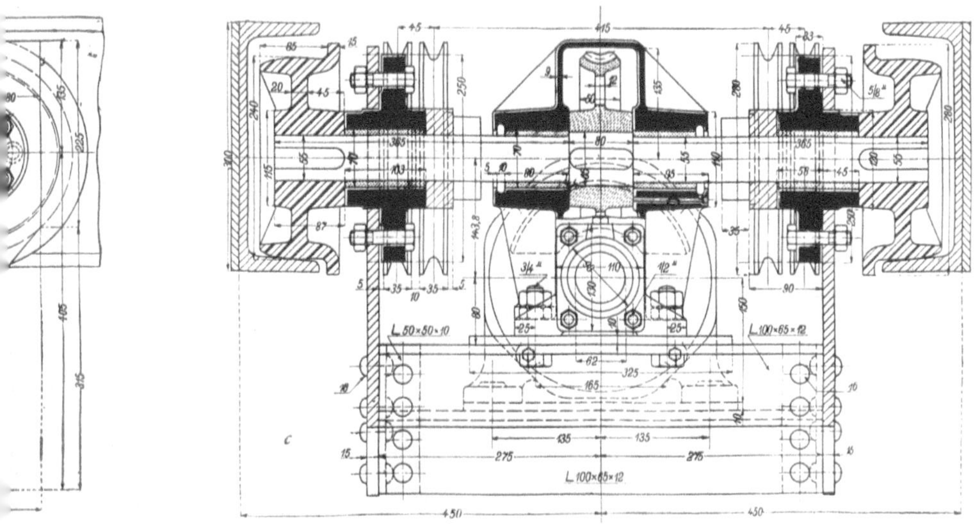

mm

Elektrisch betriebener Laufkran 3000 kg

mit drehbarem Ausleger.

Ausladung: 13,5 m, max Hub: 12 m.

Erbauer: Ludwig Stuckenholz, Wetter a. d. Ruhr.

Arbeitsplatz: Reiherstieg-Schiffswerft u. Maschinenfabrik, Hamburg.

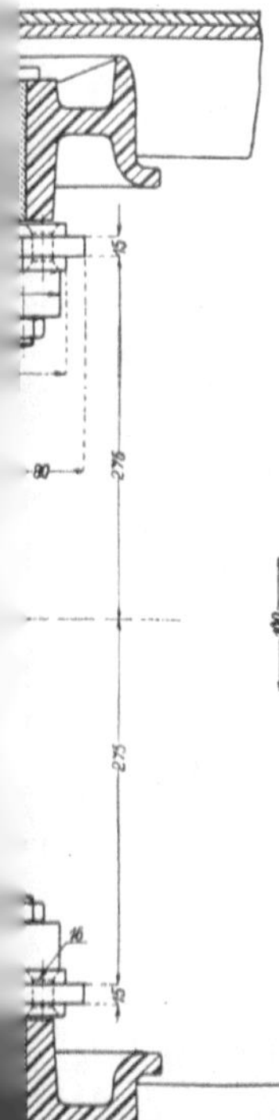

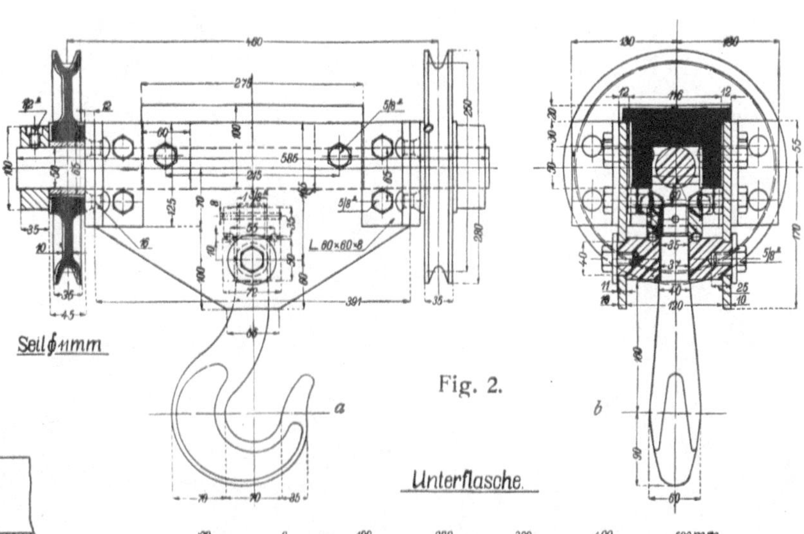

Fig. 2.

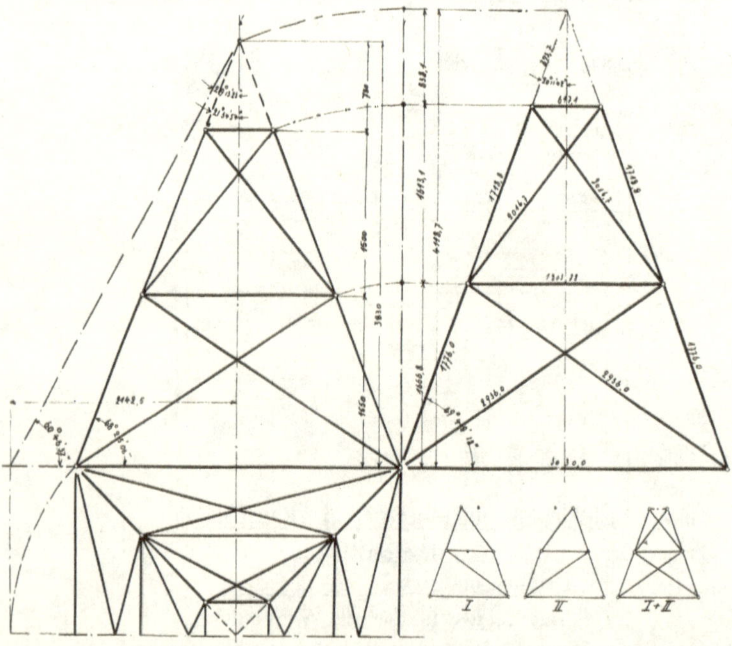

Fig. 1.

Elektrisch bet

mit

Auslad

Erbauer: Ludw

Arbeitsplatz: Reiher

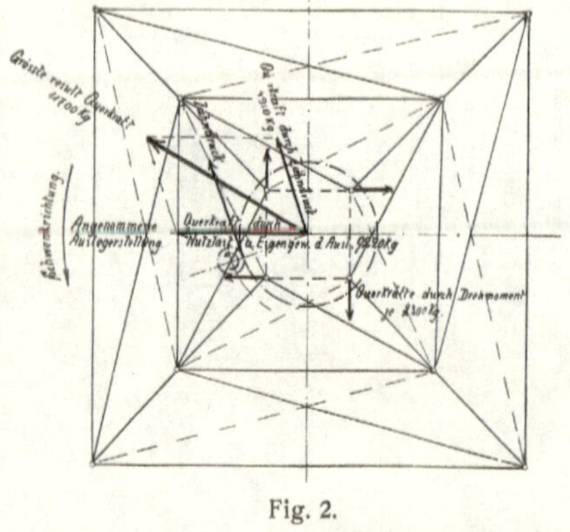

Fig. 2.

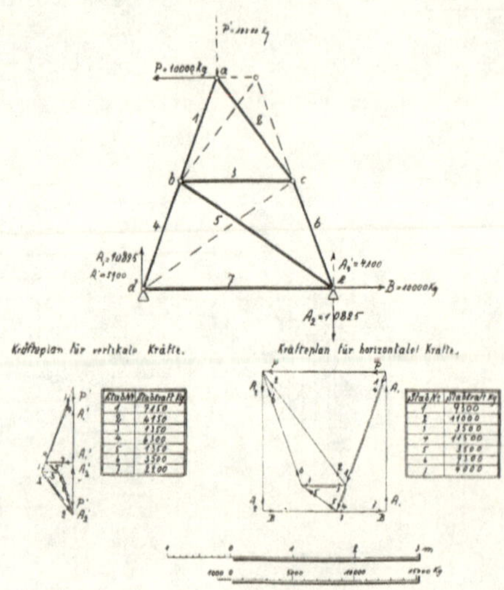

Fig. 3.

Druck und Verlag von

Laufkran 3000kg

Ausleger.

max Hub: 12 m.

olz, Wetter a. d. Ruhr.

werft u. Maschinenfabrik.

g.

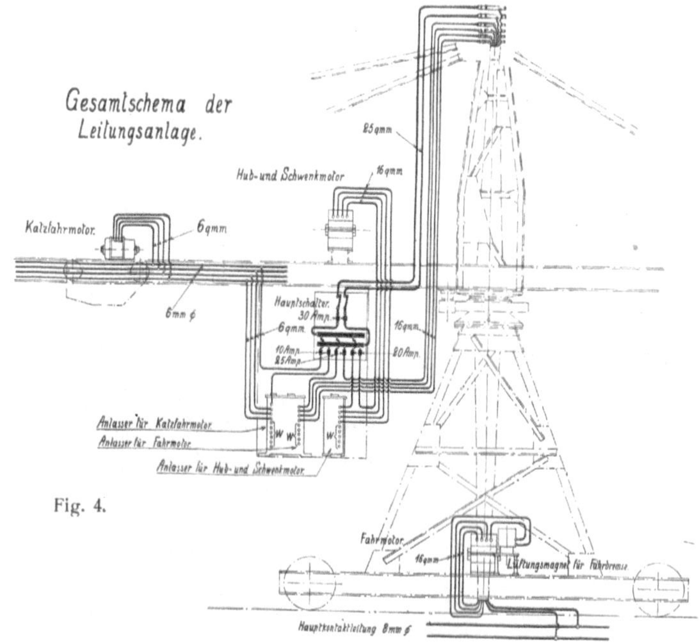

Fig. 4.

Fig. 5.

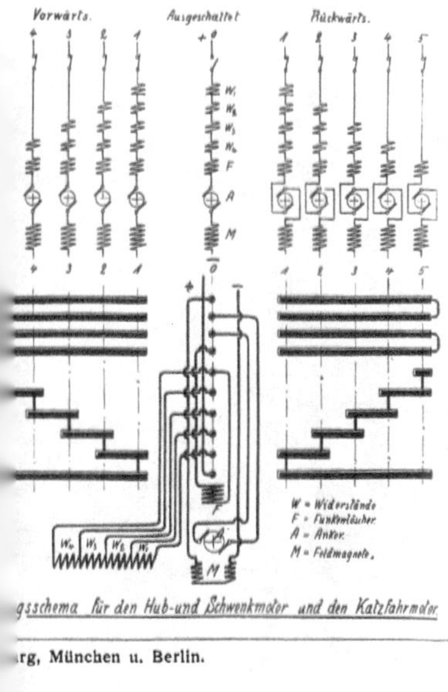

gsschema für den Hub- und Schwenkmotor und den Katzfahrmotor

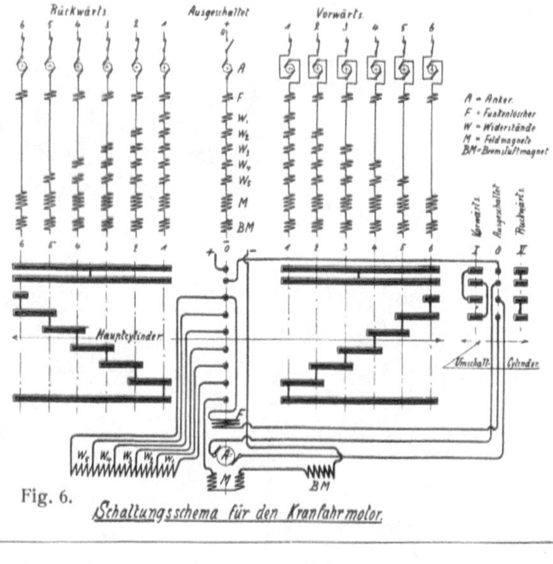

Fig. 6.

Schaltungsschema für den Kranfahrmotor.

rg, München u. Berlin.

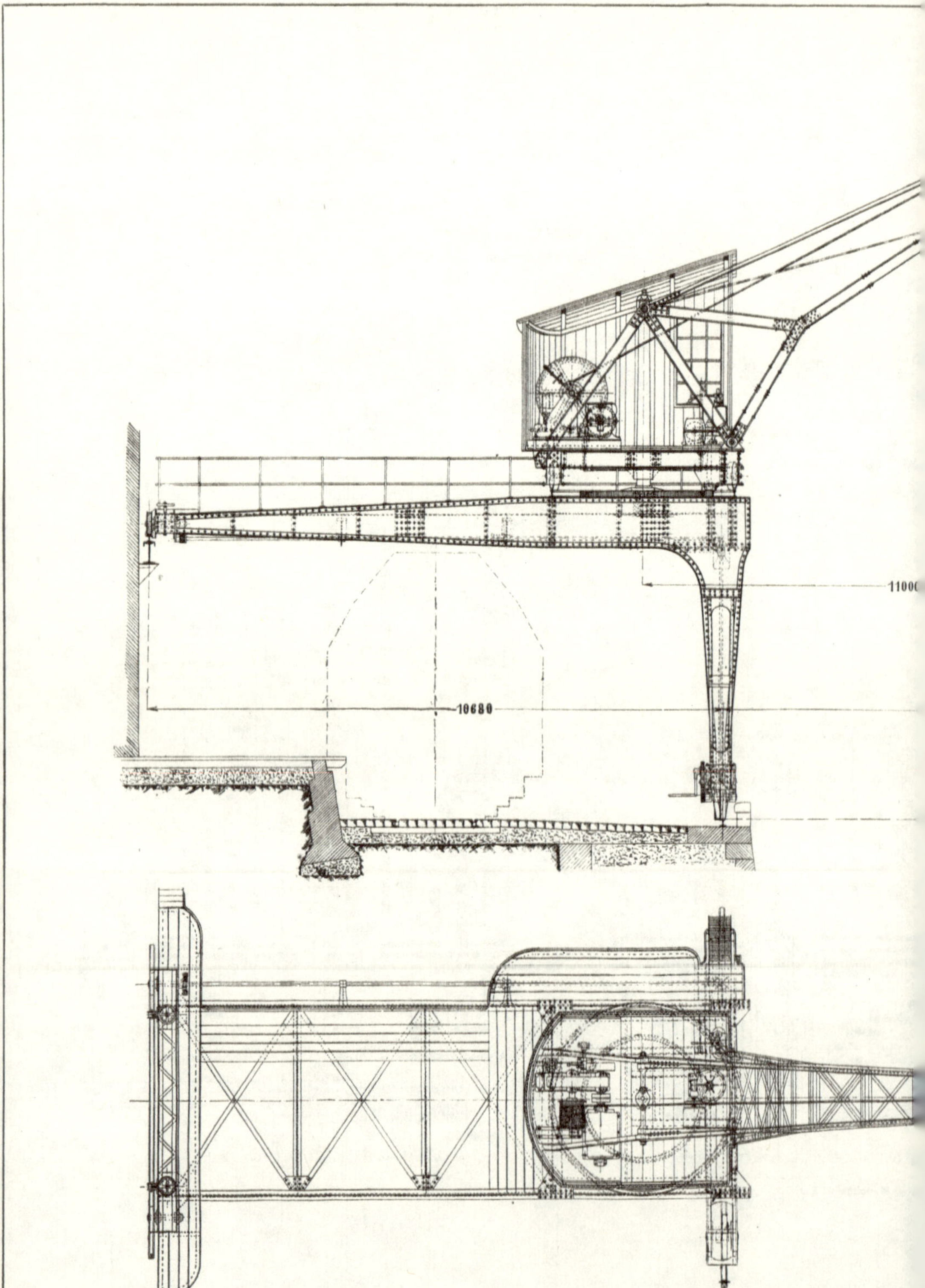

Druck und Verlag von R

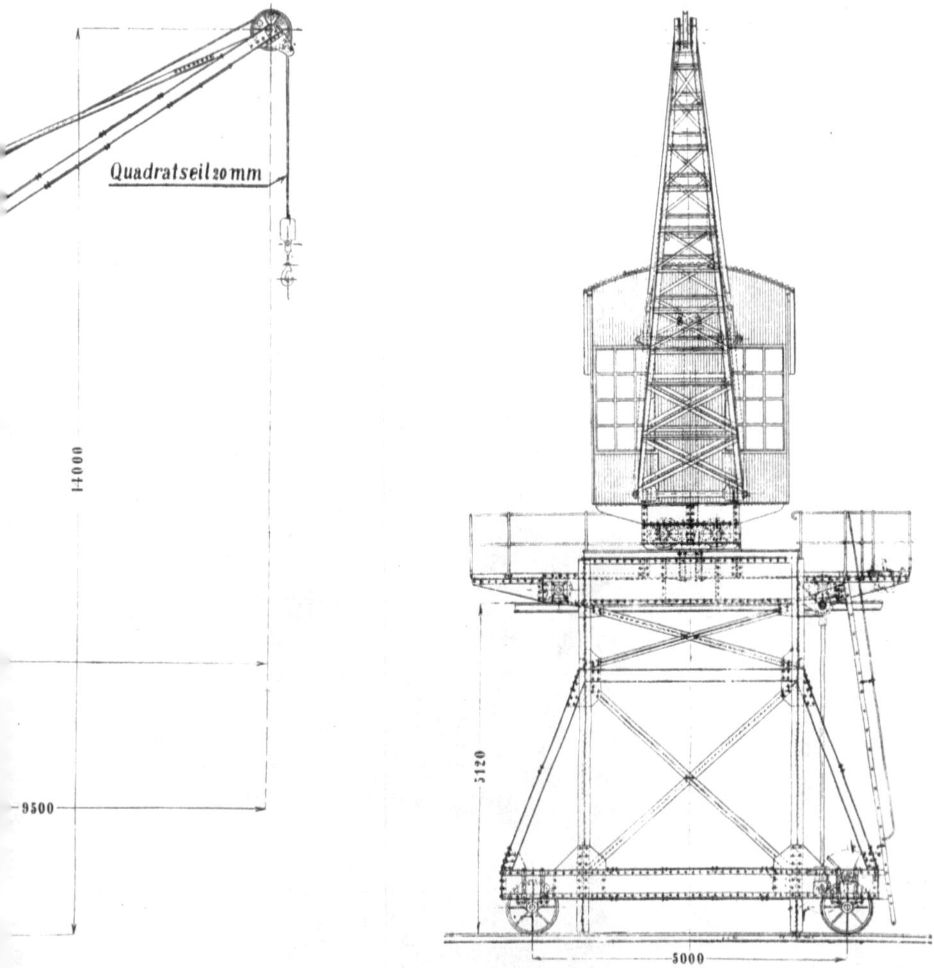

Elektr. betr. Halbportalkran für Hafenbetrieb.

Ausladung 11 m Tragfähigkeit 2500 kg.

Erbauer: Benrather Maschinenfabrik, Benrath.

Arbeitsplatz: O'Swaldkai u. Amerikakai, Hamburg.

g, München u. Berlin.

Fig. 2.

Krananlage am Amerikakai, Hamburg.

Elektrisch betriebener Halbportalkran für Hafenbetrieb.

Ausladung 11 m. Tragfähigkeit 2500 kg.

Erbauer: Benrather Maschinenfabrik.

Elektrische Ausrüstung: Union-Elektrizitäts-Gesellschaft, Berlin.

Fig. 1.

Krananlage am O'Swaldkai, Hamburg.

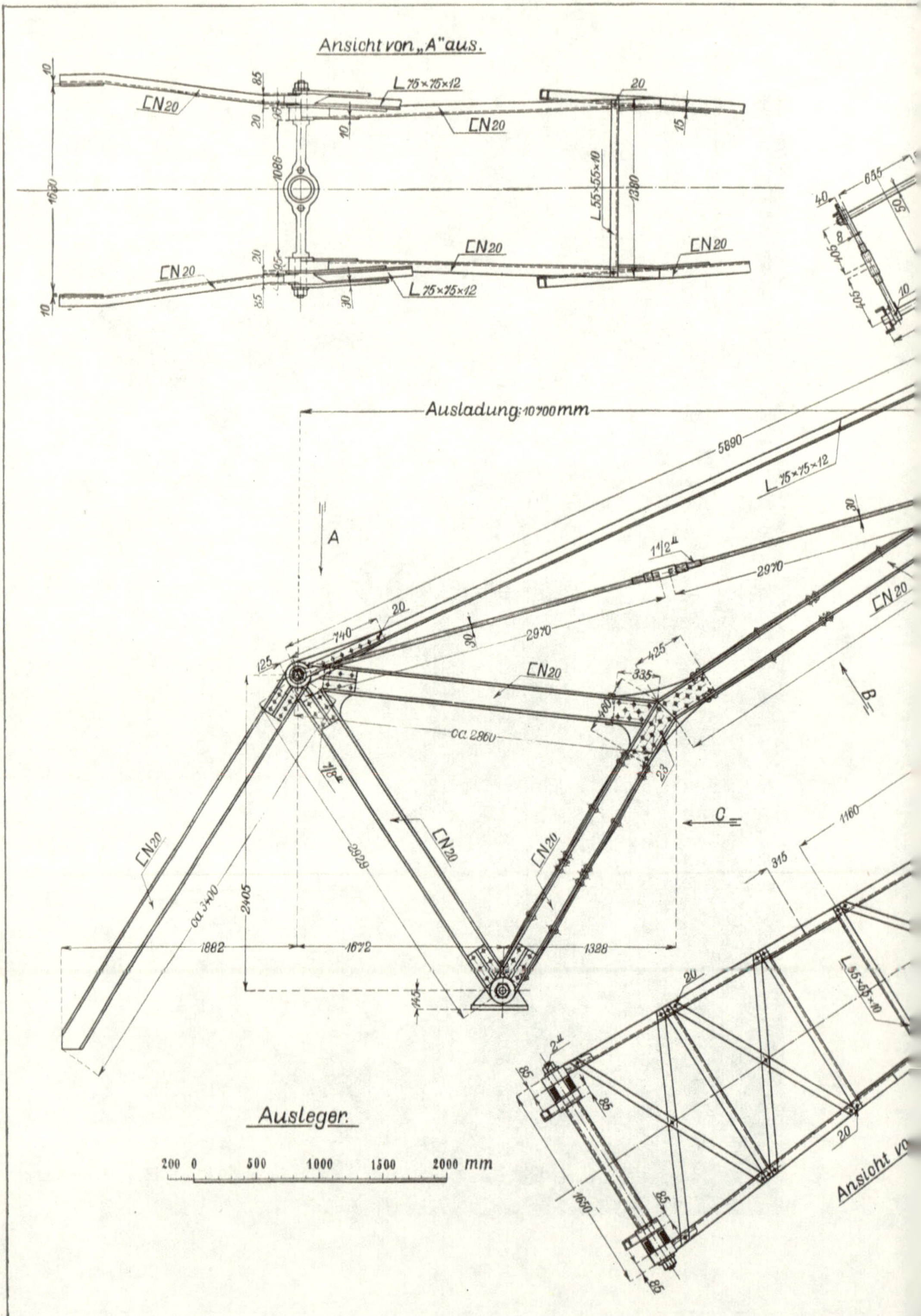

Druck und Verlag von

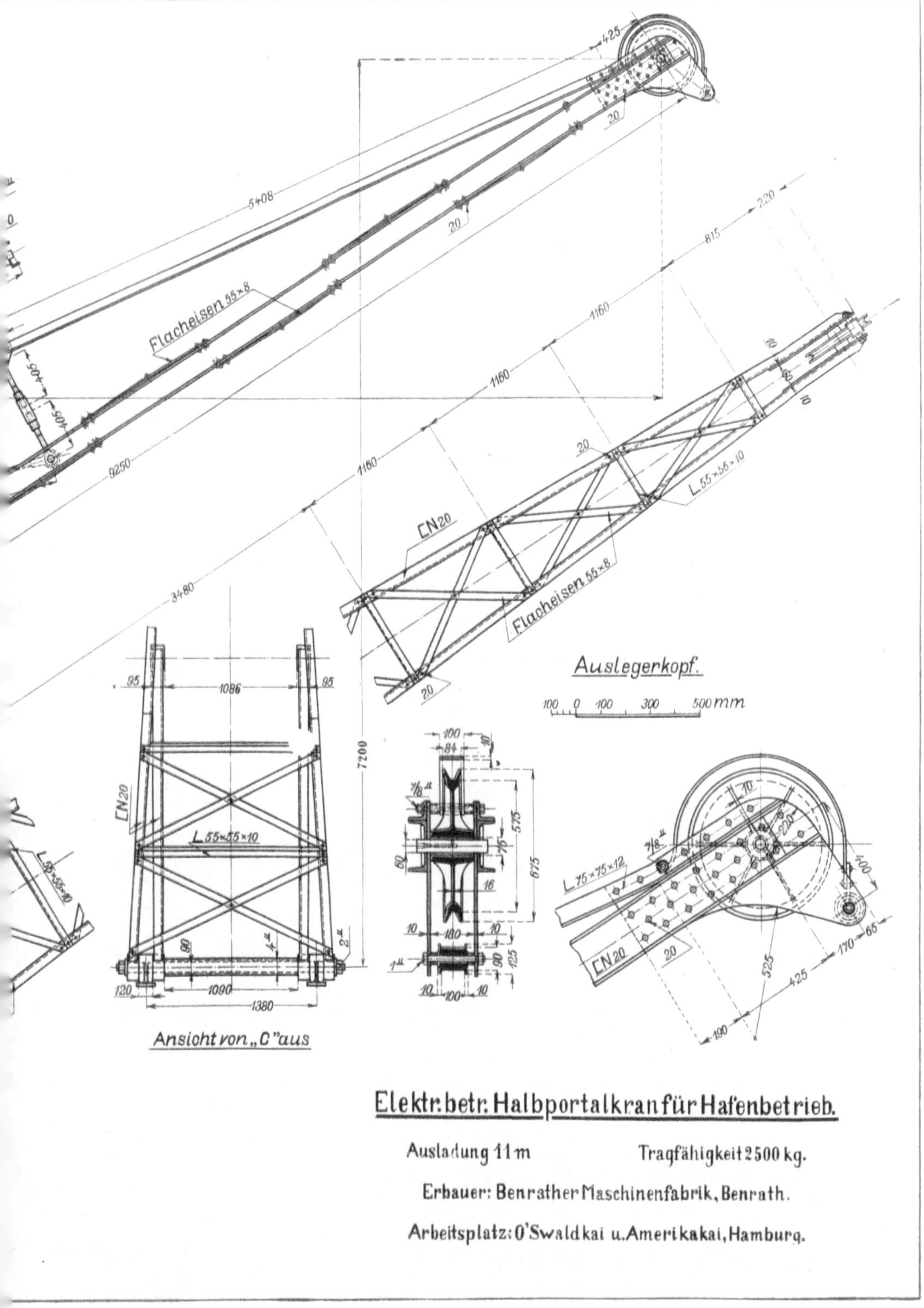

Elektr. betr. Halbportalkran für Hafenbetrieb.

Ausladung 11 m Tragfähigkeit 2500 kg.

Erbauer: Benrather Maschinenfabrik, Benrath.

Arbeitsplatz: O'Swaldkai u. Amerikakai, Hamburg.

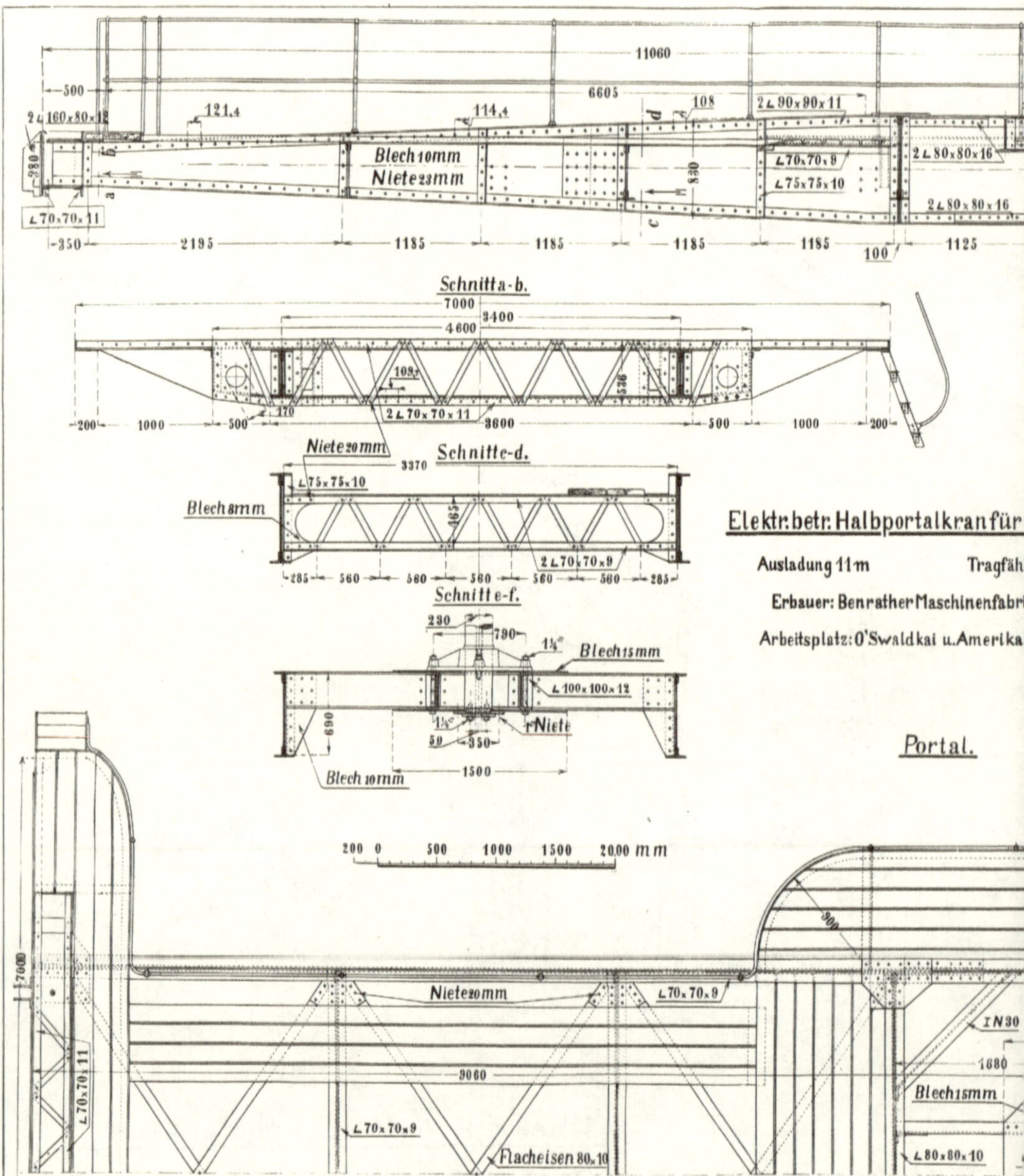

Druck und Verlag von

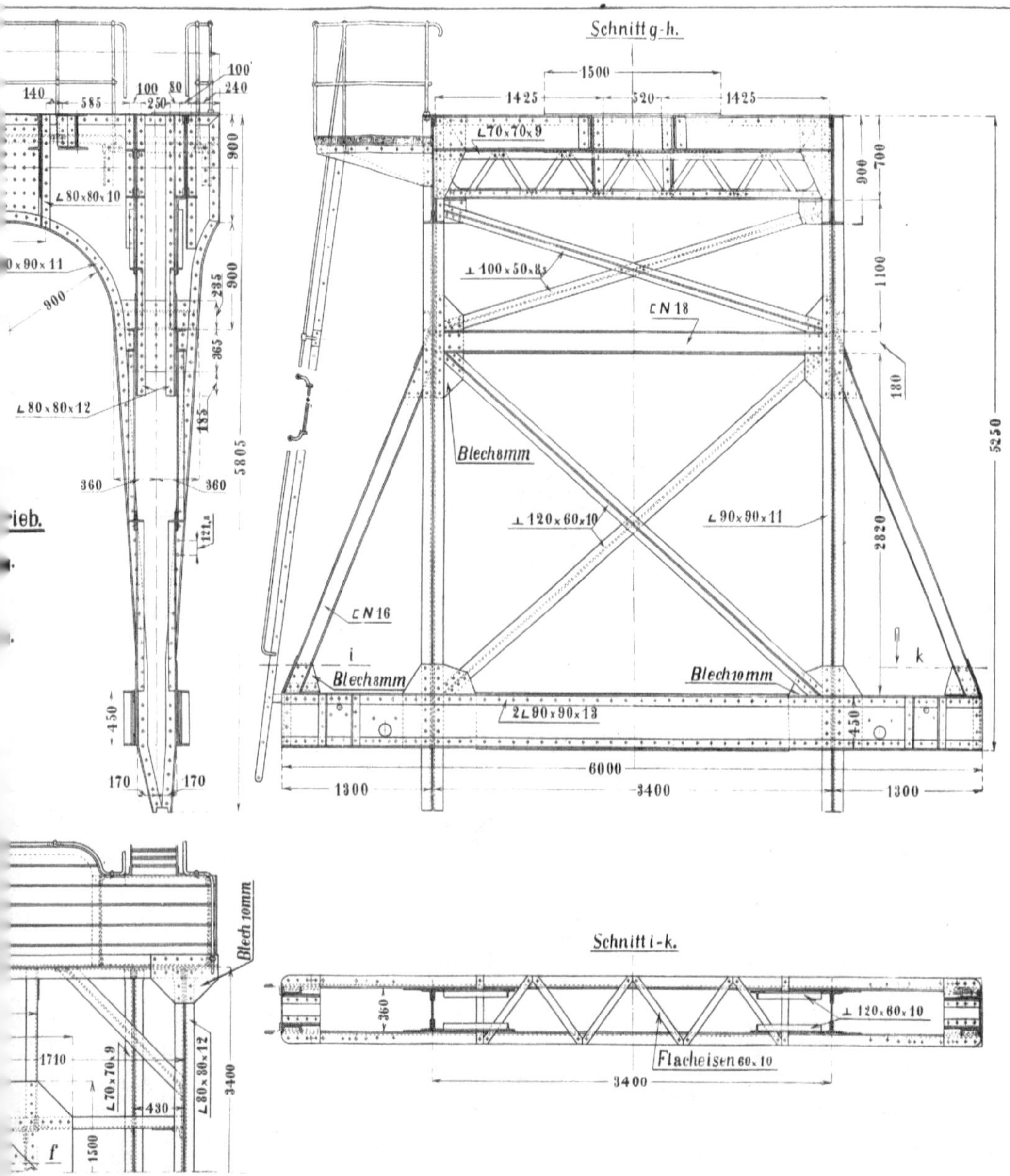
Schnitt g-h.
1500
1425
520
1425
∟70×70×9
900
700
1100
⊥100×50×8,5
⊏N 18
180
5250
Blech 8mm
⊥120×60×10
∟90×90×11
2820
⊏N 16
i
k
Blech 8mm
Blech 10mm
2∟90×90×13
450
6000
1300
3400
1300
140
585
100
80
250
100
240
900
∟80×80×10
×90×11
900
235
365
∟80×80×12
185
5805
360
360
121,5
ieb.
450
170
170
Blech 10mm
1710
∟70×70×9
430
∟80×80×12
3400
1500
f
Schnitt i-k.
360
⊥120×60×10
Flacheisen 60×10
3400

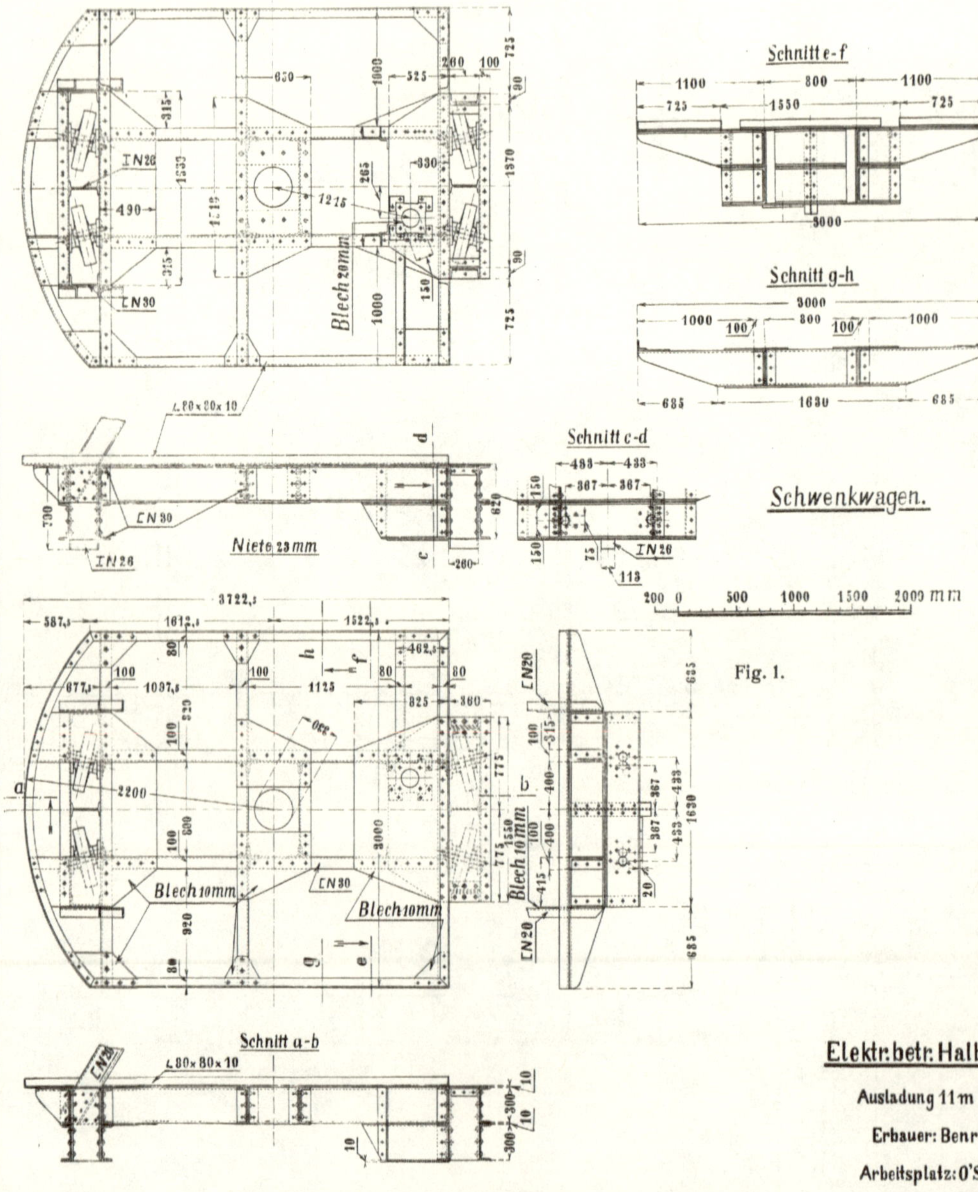

Schwenkwagen.

Fig. 1.

Elektr. betr. Halbp

Ausladung 11 m

Erbauer: Benrath

Arbeitsplatz: O'Swa

Druck und Verlag vor

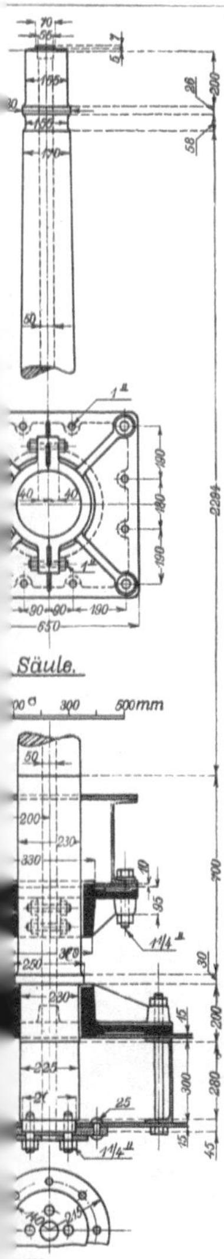

Fig. 2.

ür Hafenbetrieb.

fähigkeit 2500 kg.

abrik, Benrath.

kai, Hamburg.

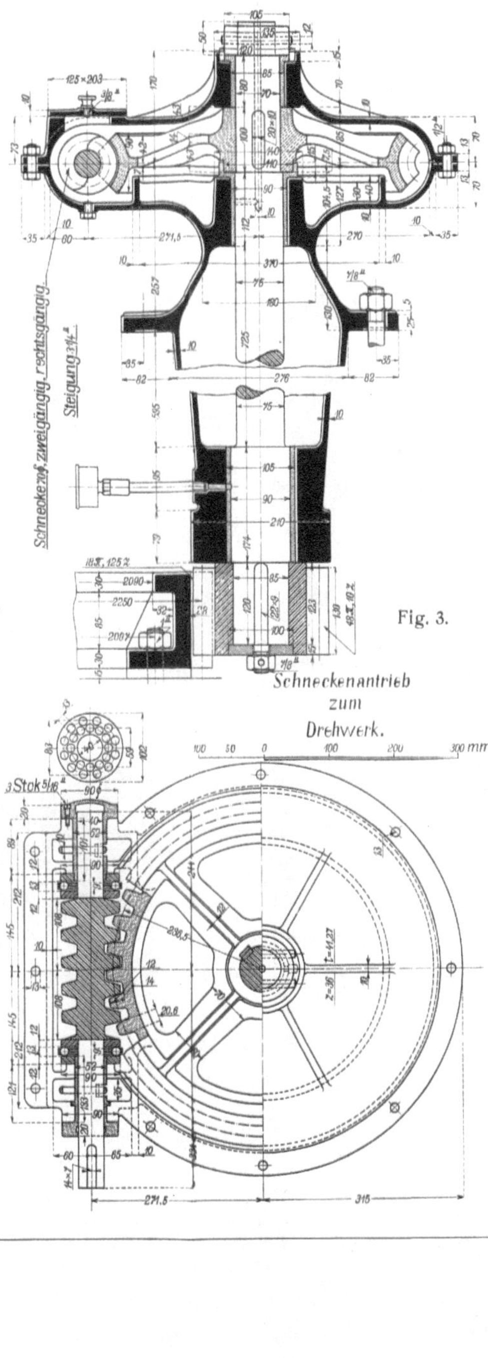

Fig. 3.

Laufrad zum Schwenkwagen.

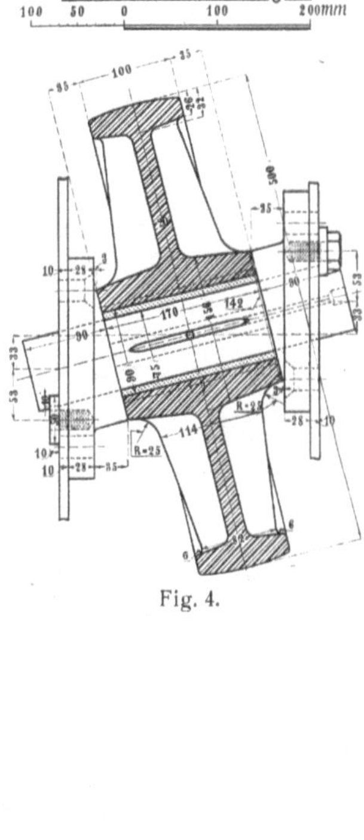

Fig. 4.

, München und Berlin.

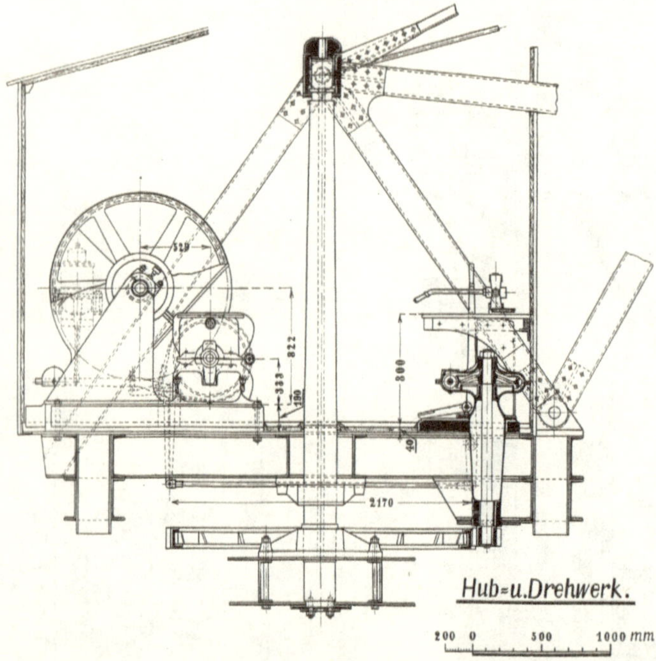

Fig. 1.

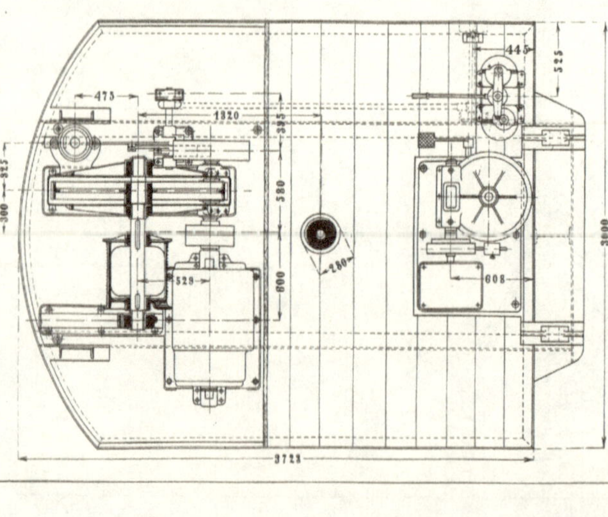

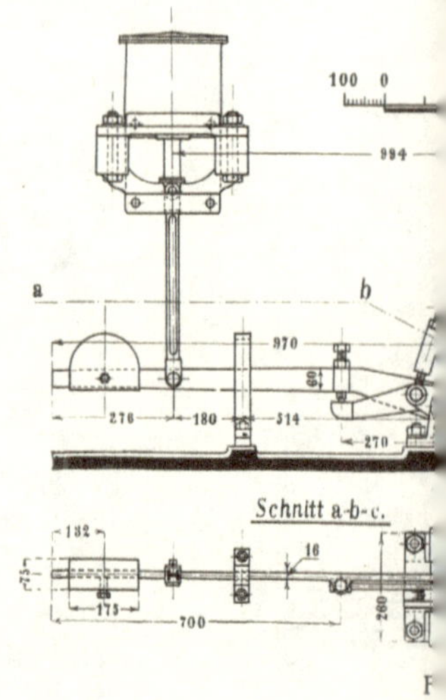

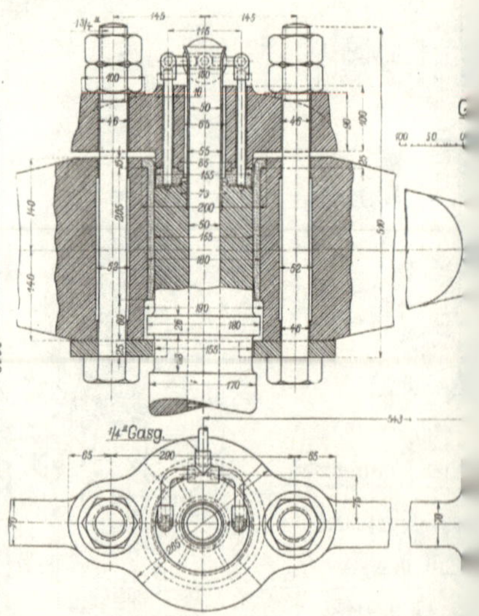

Fig. 4.

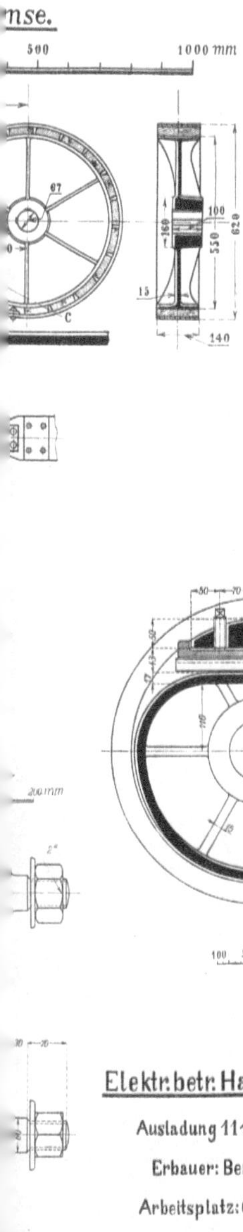

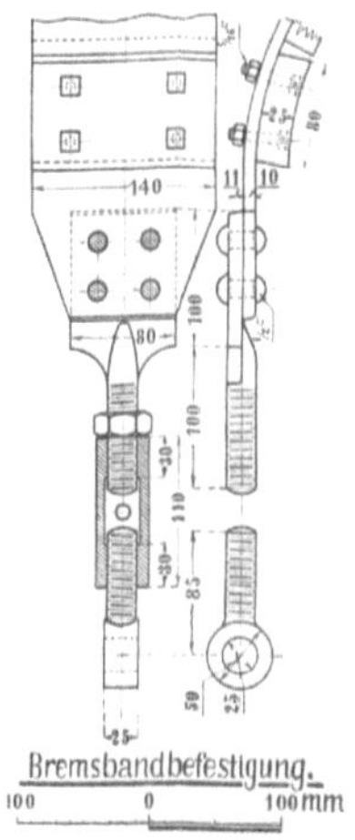

Fig. 3.

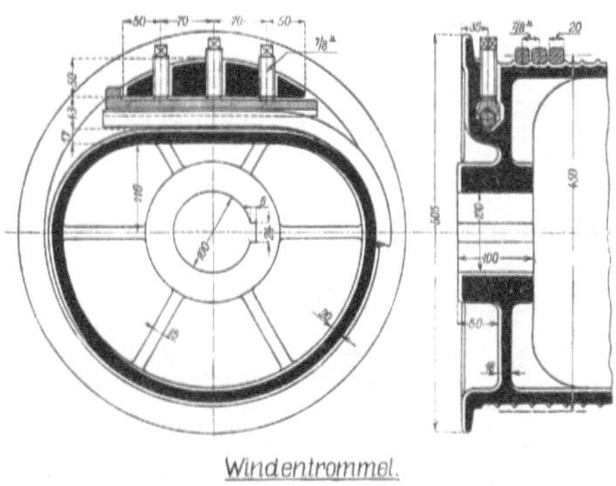

Fig. 5.

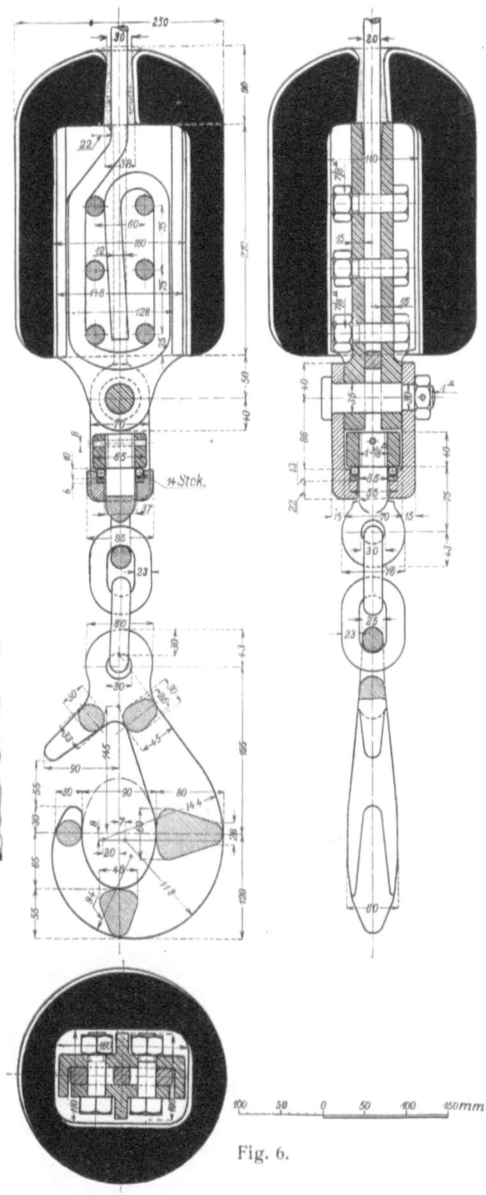

Fig. 6.

Elektr. betr. Halbportalkran für Hafenbetrieb.

Ausladung 11 m Tragfähigkeit 2500 kg.

Erbauer: Benrather Maschinenfabrik, Benrath.

Arbeitsplatz: O'Swaldkai u. Amerikakai, Hamburg.

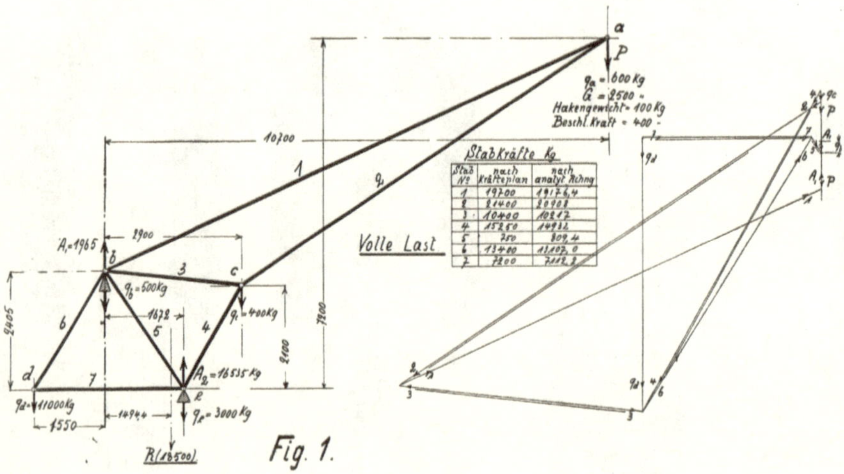

Stabkräfte Kg

Stab №	nach Kräfteplan	nach analyt. Rchng
1	19700	19176,4
2	21400	20908
3	10400	10217
4	15250	14932
5	750	809,4
6	13400	13107,0
7	7200	7112,8

Fig. 1.

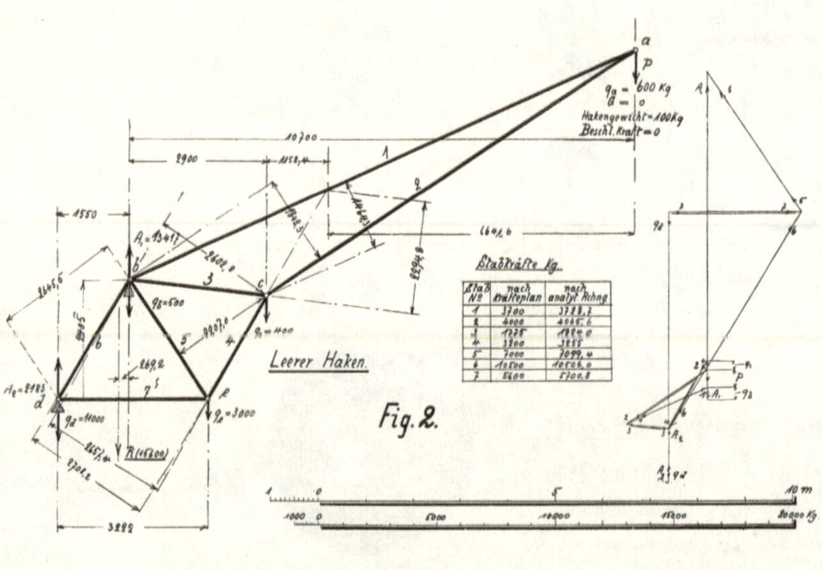

Stabkräfte Kg.

Stab №	nach Kräfteplan	nach analyt. Rchng
1	3700	3728,7
2	4000	4065,6
3	1225	1224,0
4	3800	3855
5	7000	7099,4
6	10500	10506,0
7	5600	5700,8

Fig. 2.

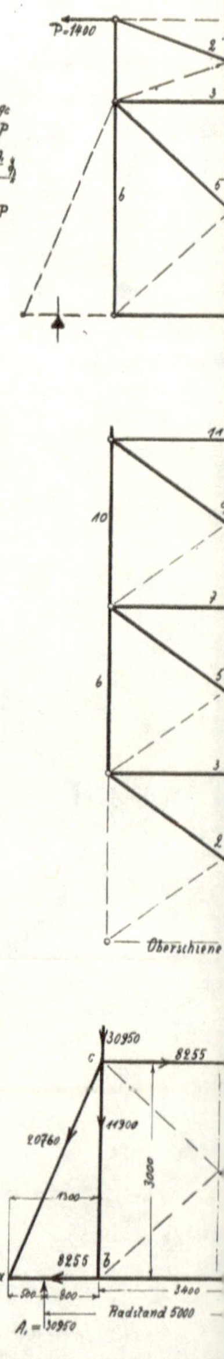

Druck und Verlag von R

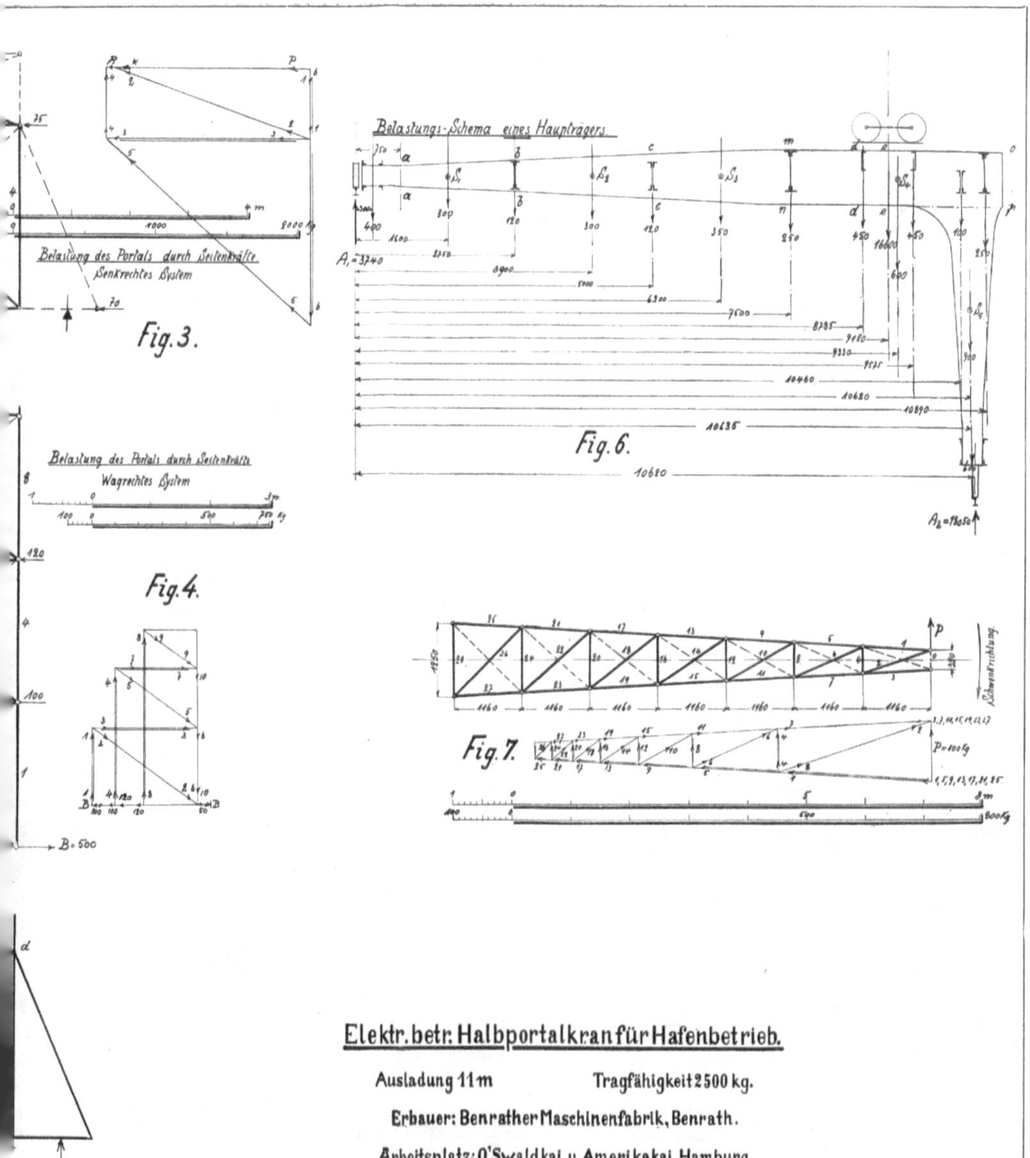

Elektr. betr. Halbportalkran für Hafenbetrieb.

Ausladung 11 m Tragfähigkeit 2500 kg.

Erbauer: Benrather Maschinenfabrik, Benrath.

Arbeitsplatz: O'Swaldkai u. Amerikakai, Hamburg.

München u. Berlin.

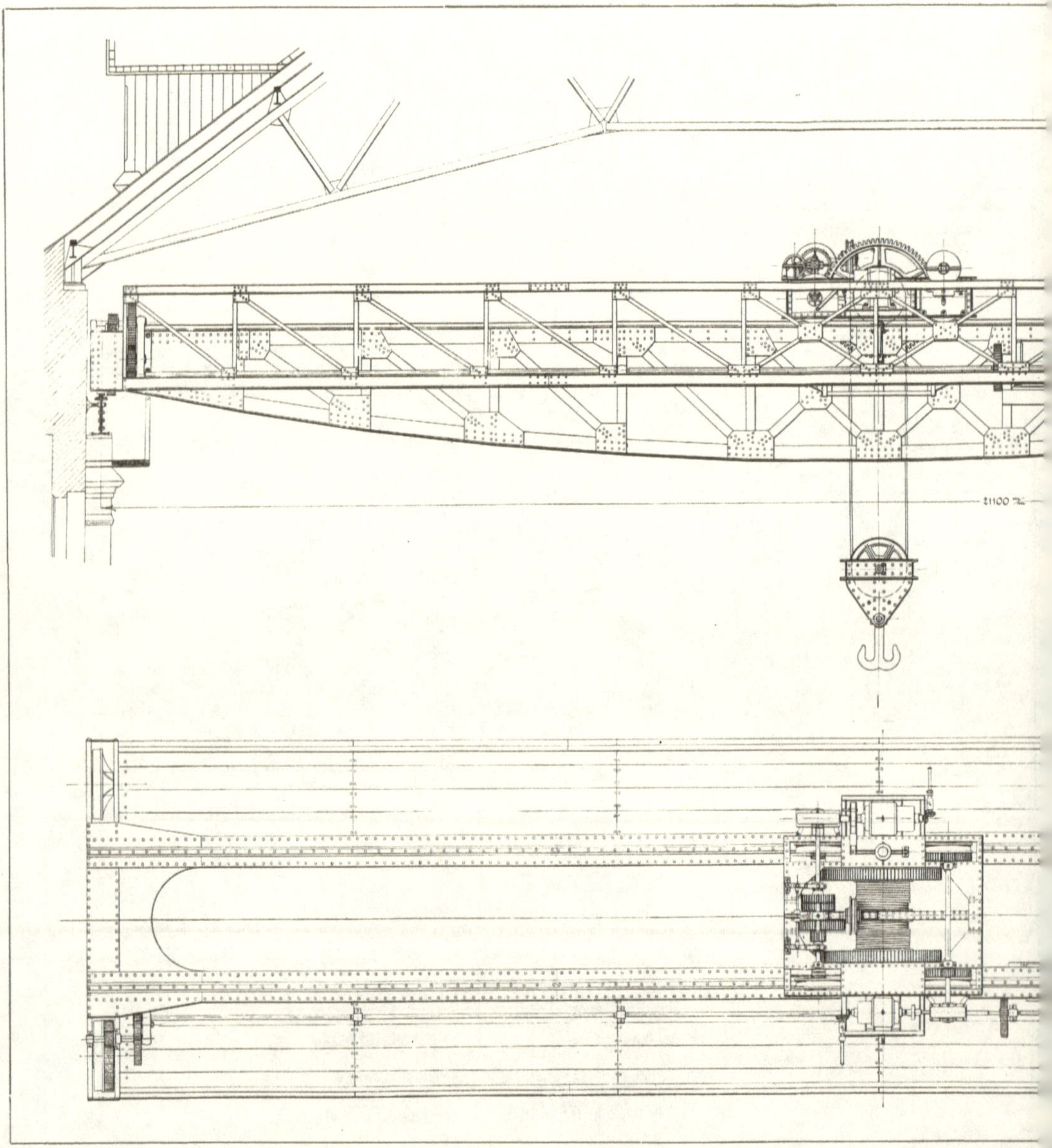

Druck und Verlag v

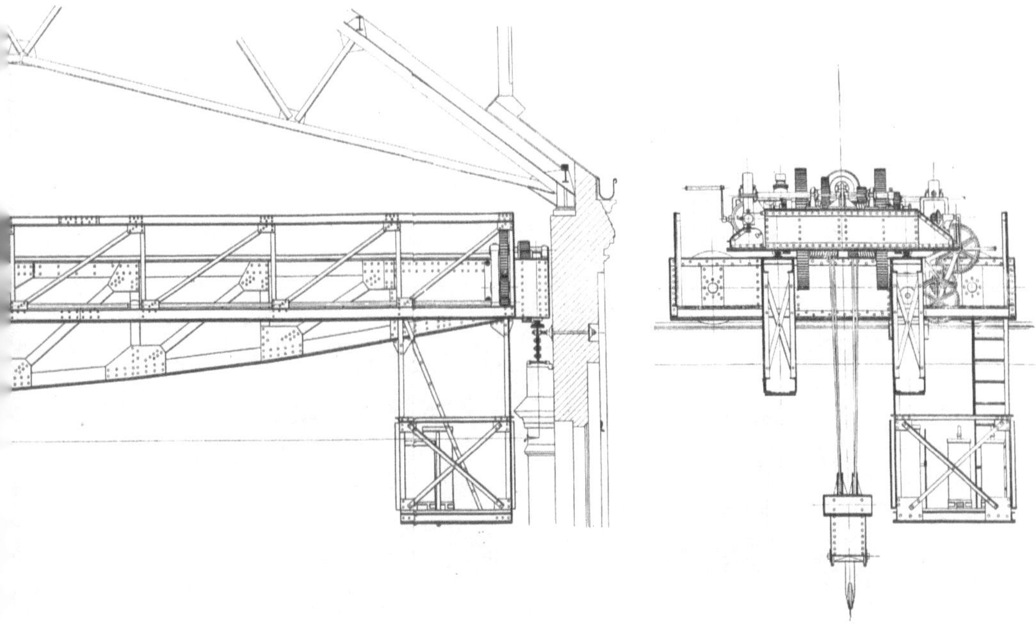

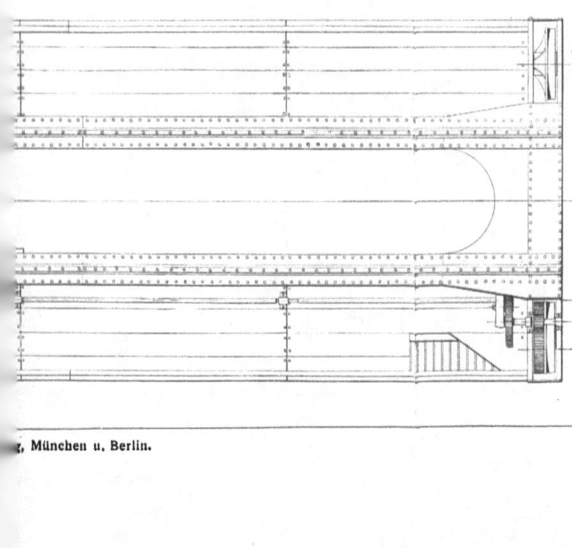

Dreimotoren-Laufkran für Gleichstrombetrieb.

Spannweite 21,1 m — Tragfähigkeit 26000 kg.

Erbauer: Eisenwerk, vorm. Nagel & Kaemp, A.G., Hamburg.

Arbeitsplatz: Elektricitätswerk a.d. Bille, Hamburg.

…, München u. Berlin.

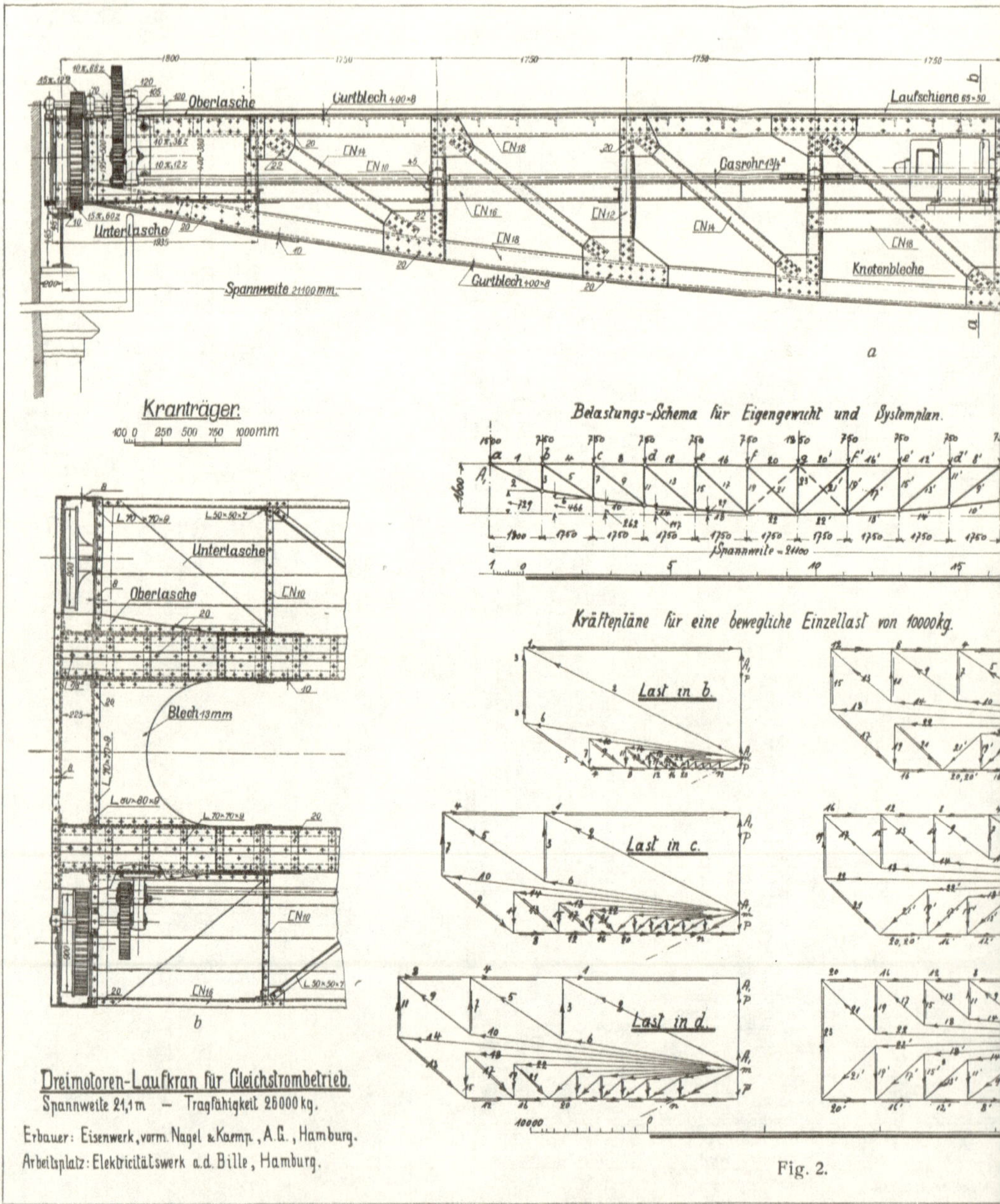
Oberlasche
Gurtblech 400×8
Laufschiene 65×50
Gasrohr 1¾"
Unterlasche
Knotenbleche
Gurtblech 400×8
Spannweite 21100 mm.
a
b
Kranträger.
100 0 250 500 750 1000 mm
Unterlasche
Oberlasche
Blech 13 mm
Belastungs-Schema für Eigengewicht und Systemplan.
Spannweite = 21100
Kräftepläne für eine bewegliche Einzellast von 10000 kg.
Last in b.
Last in c.
Last in d.
10000
Dreimotoren-Laufkran für Gleichstrombetrieb.
Spannweite 21,1 m — Tragfähigkeit 25000 kg.
Erbauer: Eisenwerk, vorm. Nagel & Kaemp, A.G., Hamburg.
Arbeitsplatz: Elektricitätswerk a.d. Bille, Hamburg.

Fig. 2.

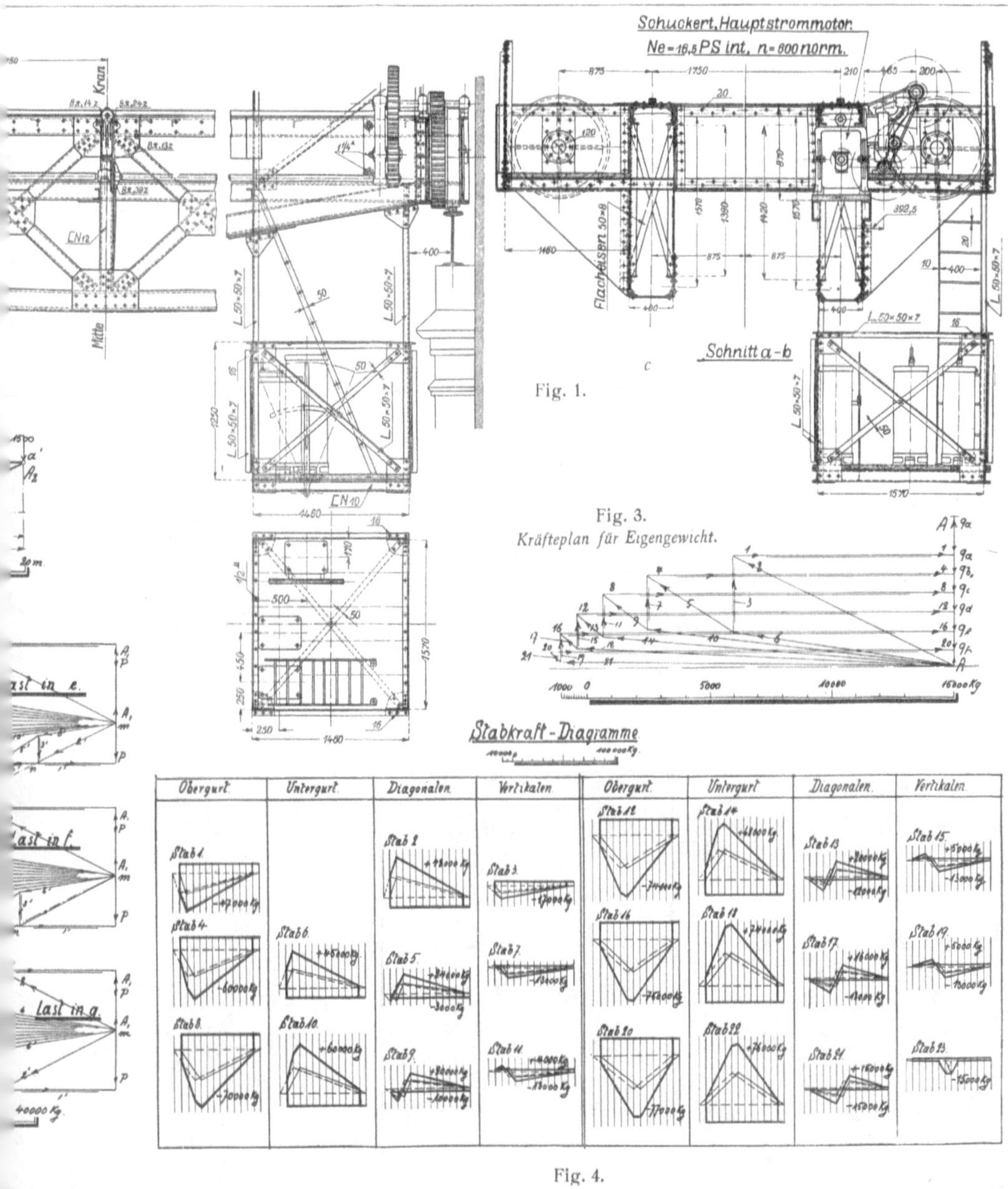

Fig. 1.

Fig. 3.
Kräfteplan für Eigengewicht.

Fig. 4.

urg, München u. Berlin.

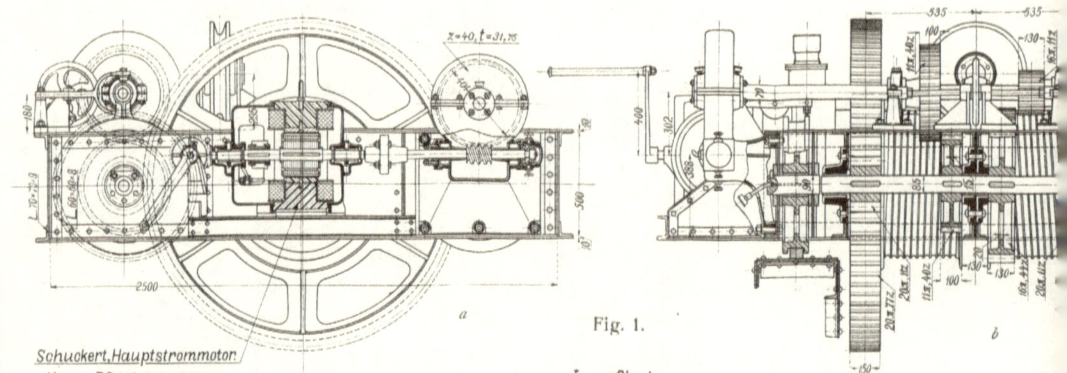

Fig. 1.

Laufkatze.

100 0 100 200 300 400 500 mm.

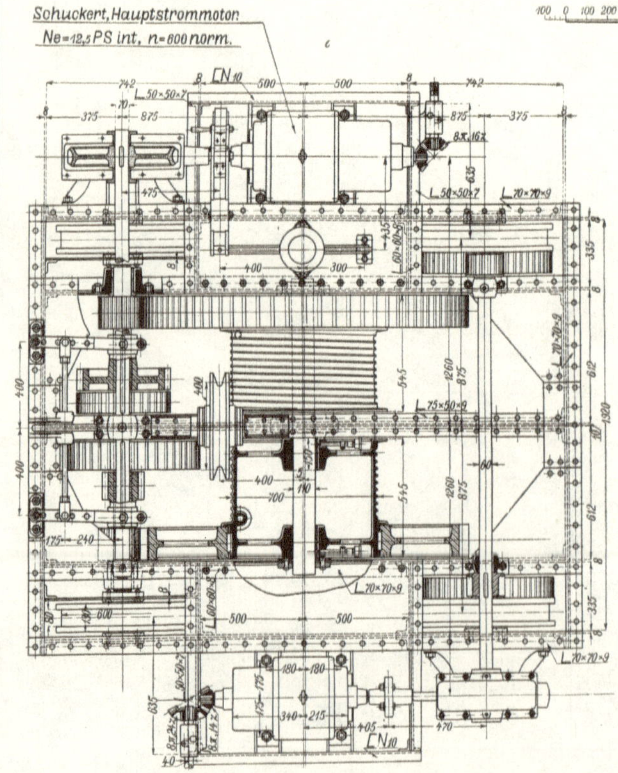

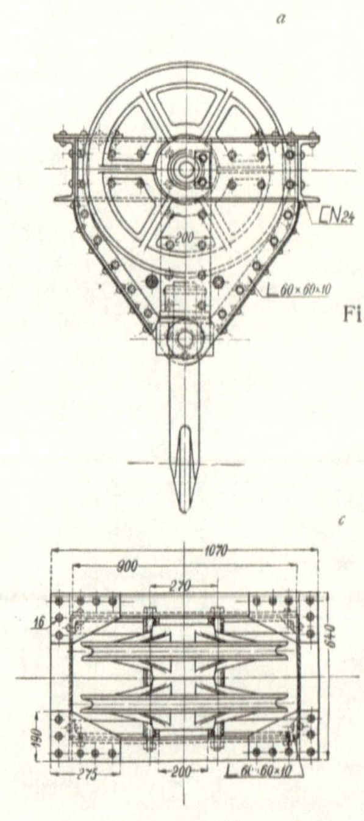

Fig. 2.

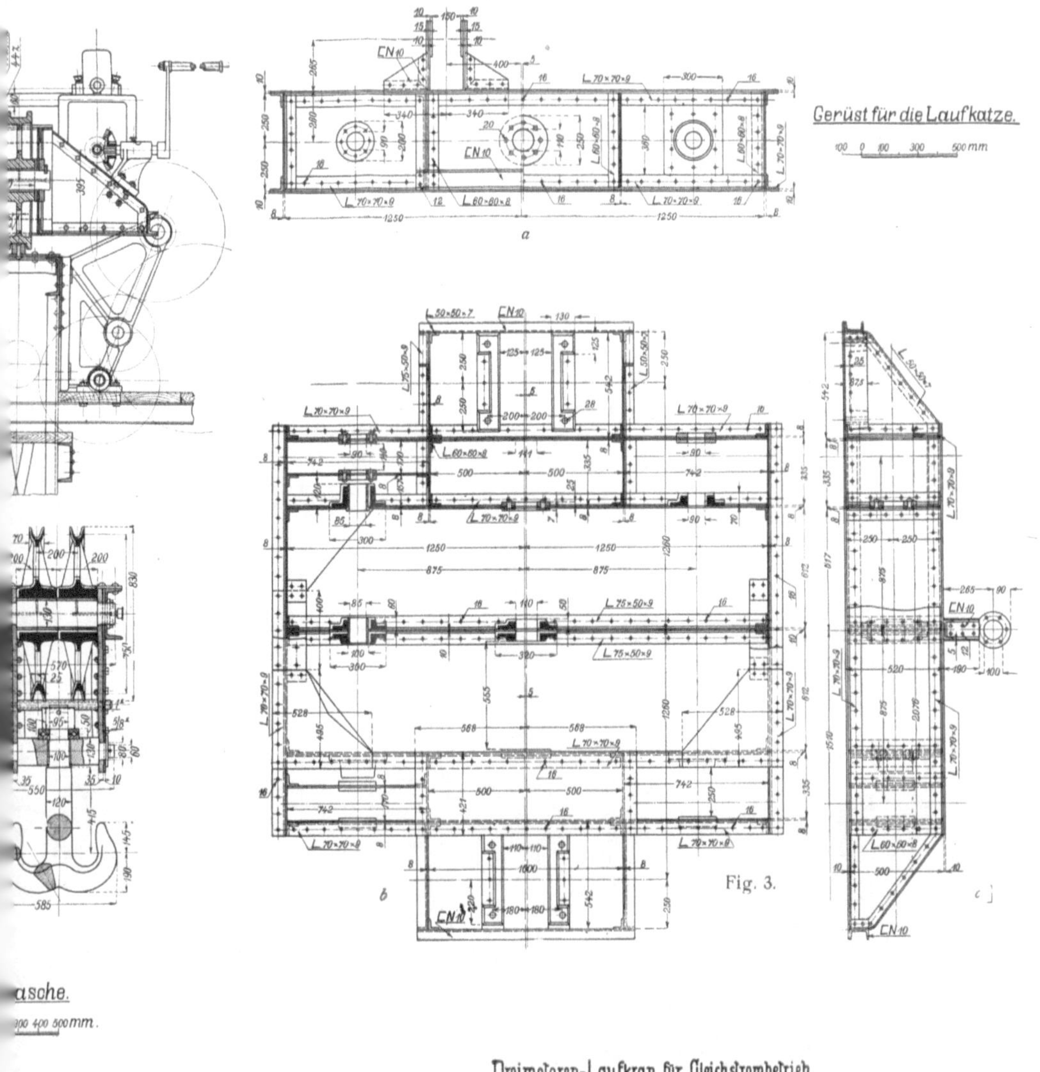

Fig. 3.

Dreimotoren-Laufkran für Gleichstrombetrieb.

Spannweite 21,1 m — Tragfähigkeit 25000 kg.

Erbauer: Eisenwerk, vorm. Nagel & Kaemp, A.G., Hamburg.

Arbeitsplatz: Elektricitätswerk a. d. Bille, Hamburg.

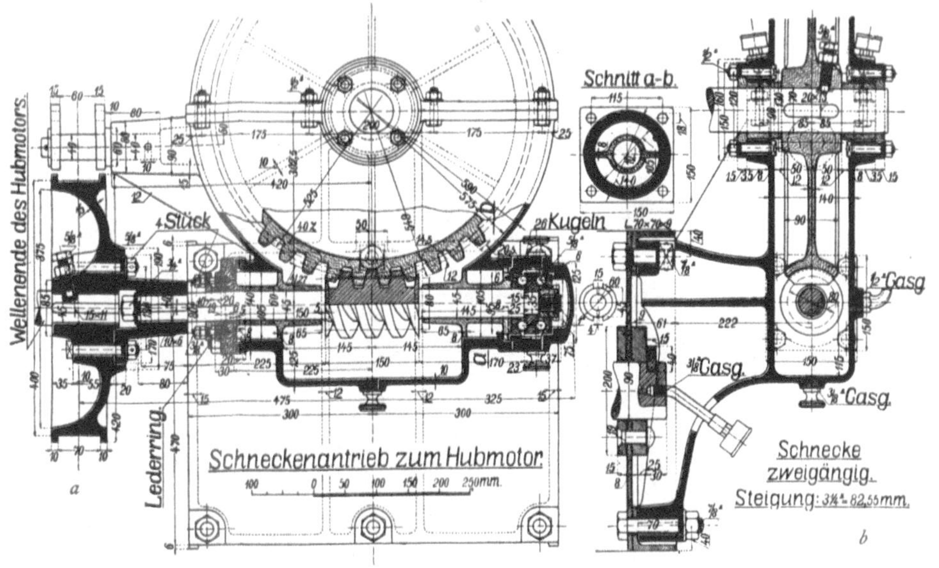

Fig. 1.

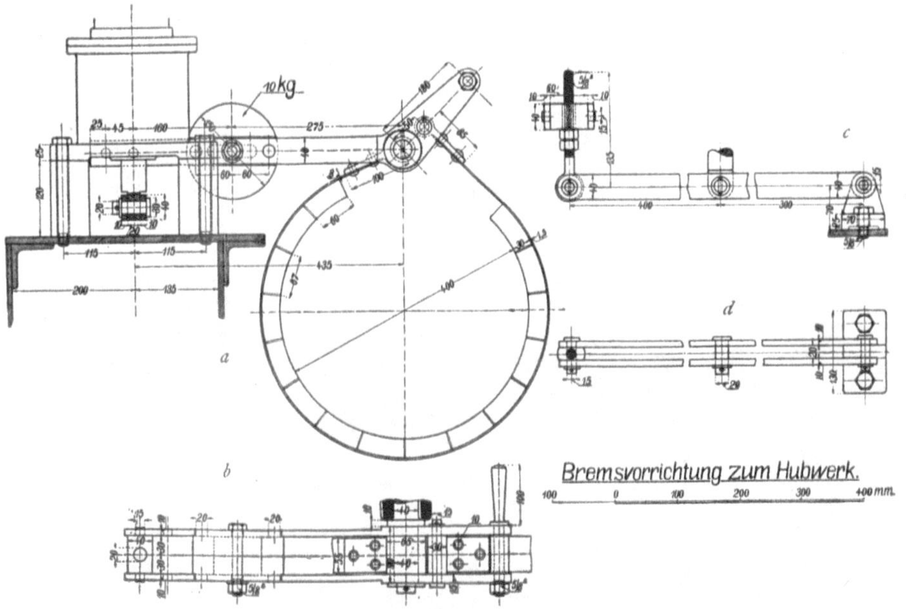

Fig. 2.

Dreimotoren-Laufkran für Gleichstrombetrieb.

Spannweite 21,1 m — Tragfähigkeit 26000 kg.

Erbauer: Eisenwerk, vorm. Nagel & Kaemp, A.G., Hamburg.

Arbeitsplatz: Elektricitätswerk a. d. Bille, Hamburg.

Druck und Verlag von R. Oldenbourg, München u. Berlin.

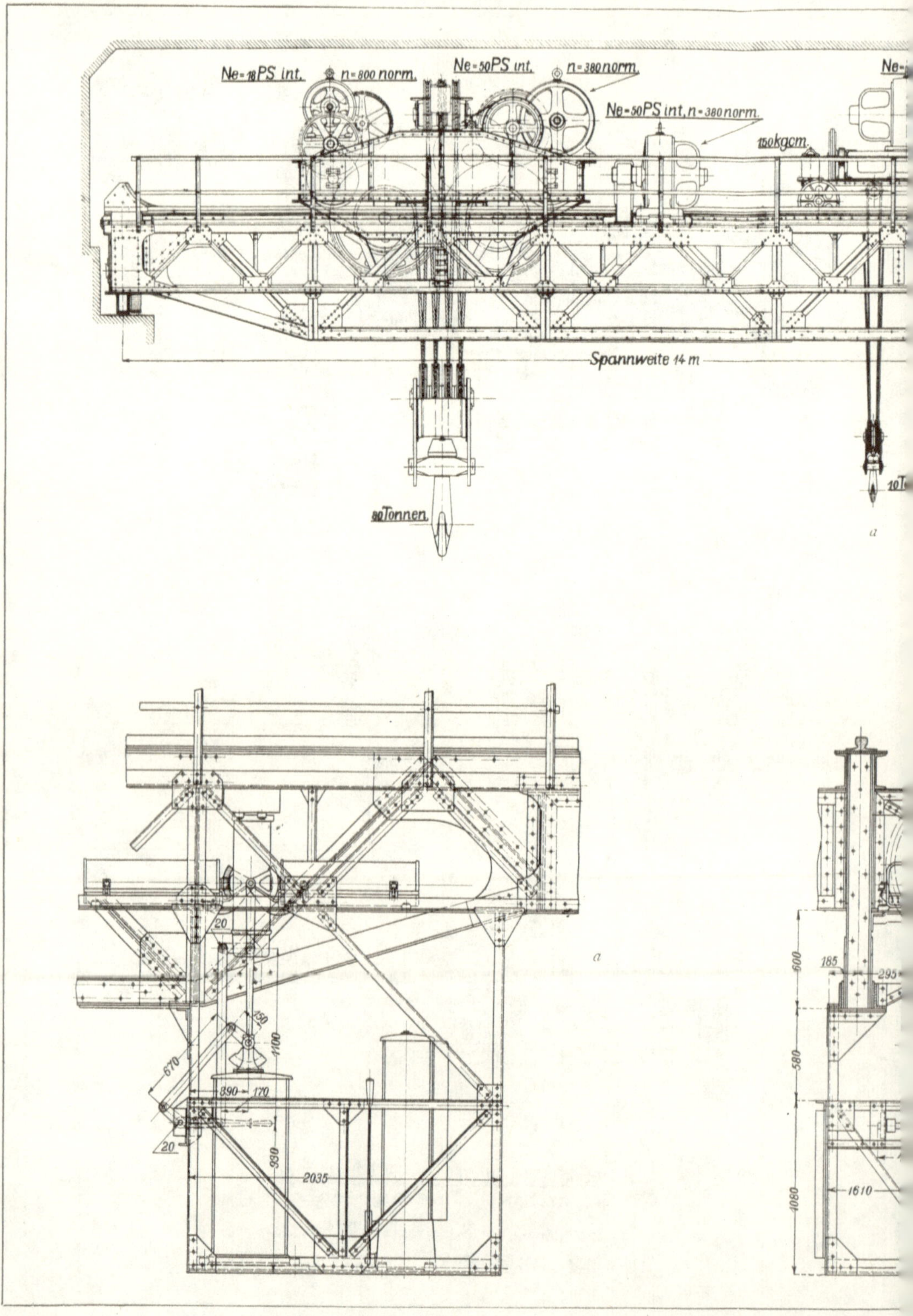

Druck und Verlag von

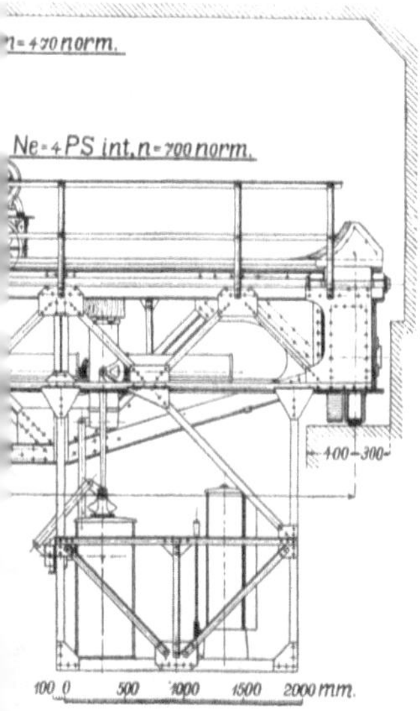

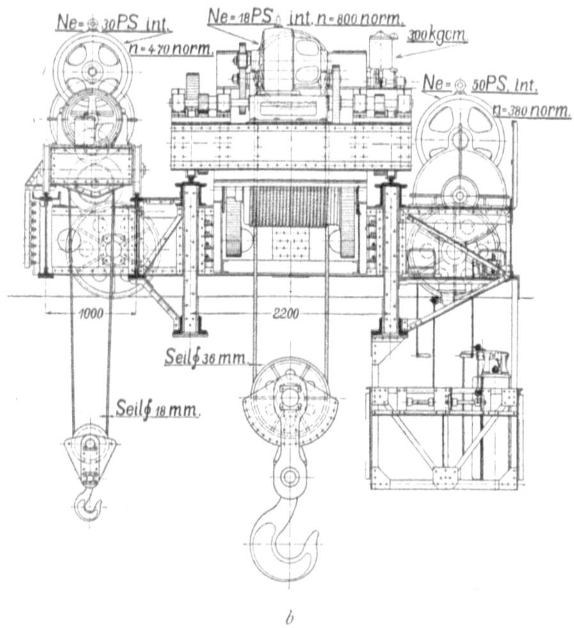

Fig. 1.

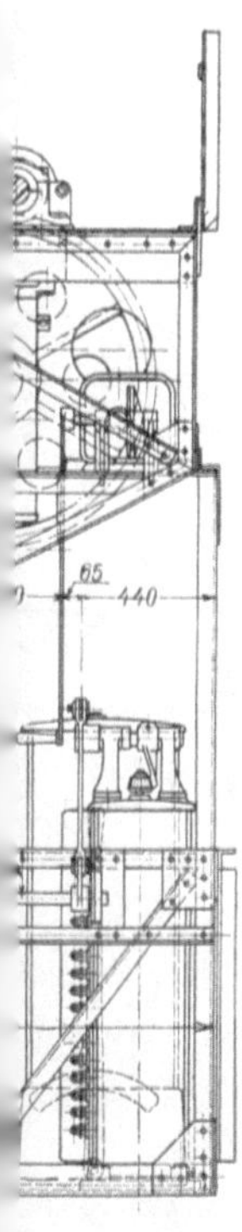

Fig. 2.

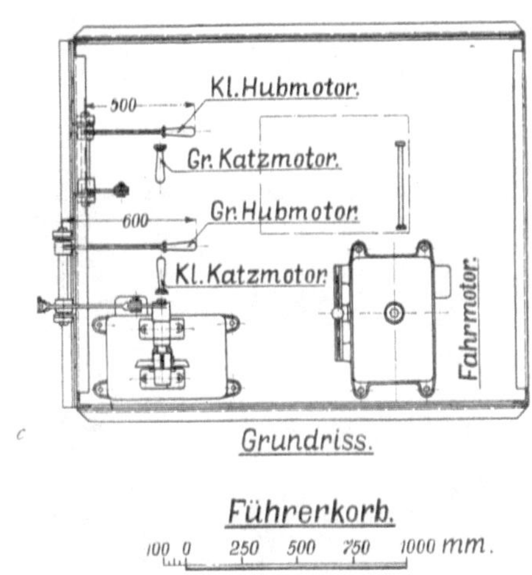

Elektr. betr. Zwillingslaufkran

80 T u. 10 T Tragfähigkeit, Spannweite 14 m.

Erbauer: Duisburger Maschinenbau Actien-Gesellschaft

vorm. Bechem u. Keetman, Duisburg.

Arbeitsplatz: Haniel u. Lueg, Düsseldorf.

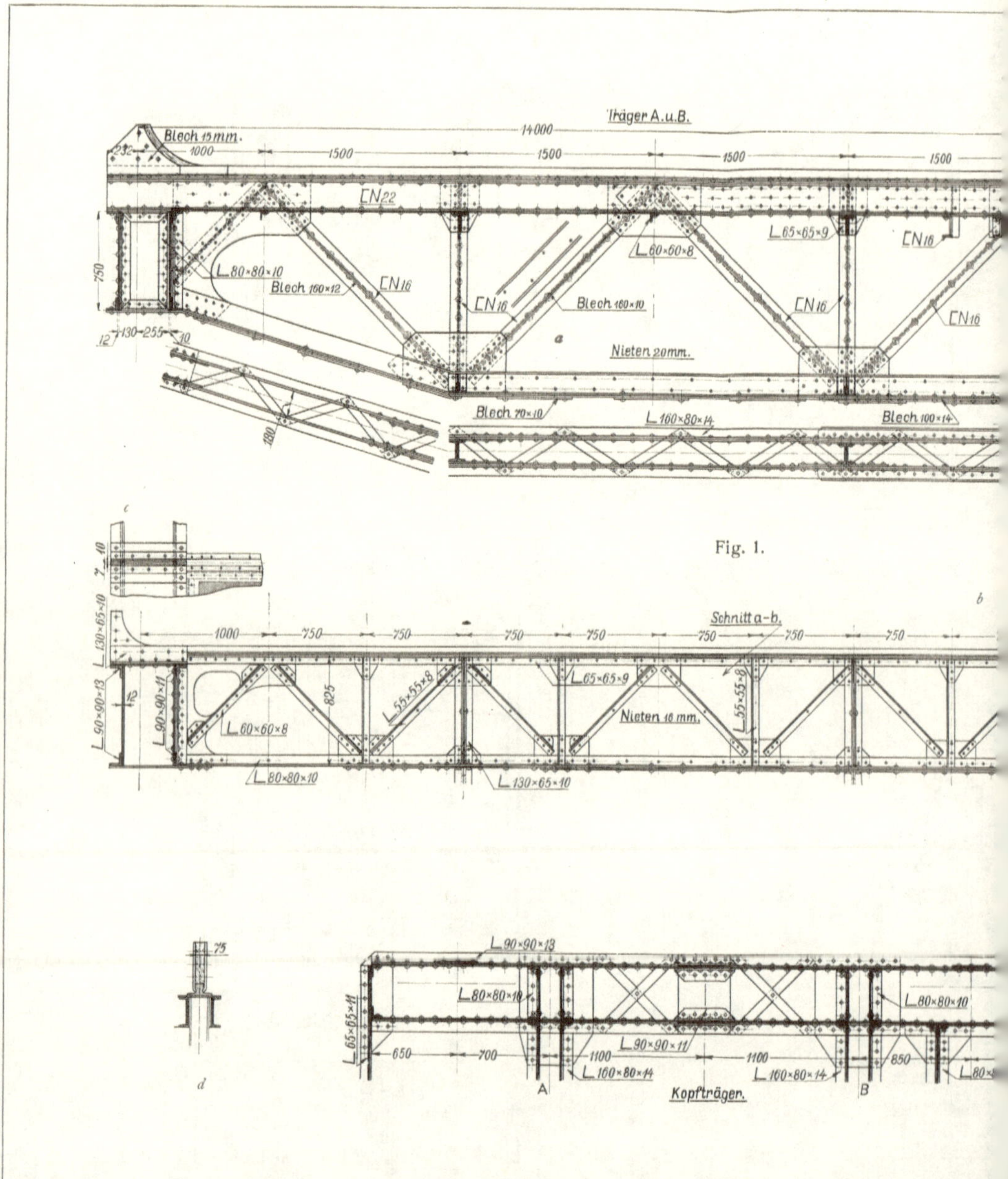

Druck und Verlag von

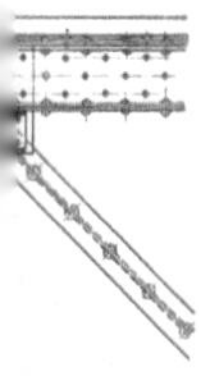

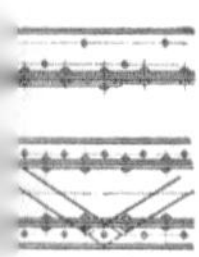

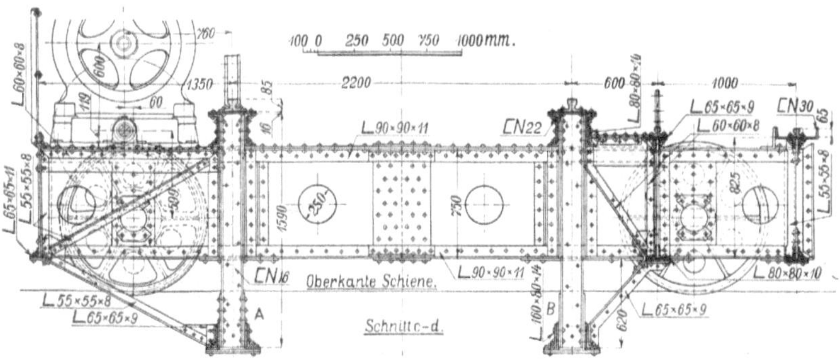

a

Fig. 2.

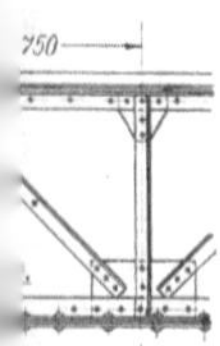

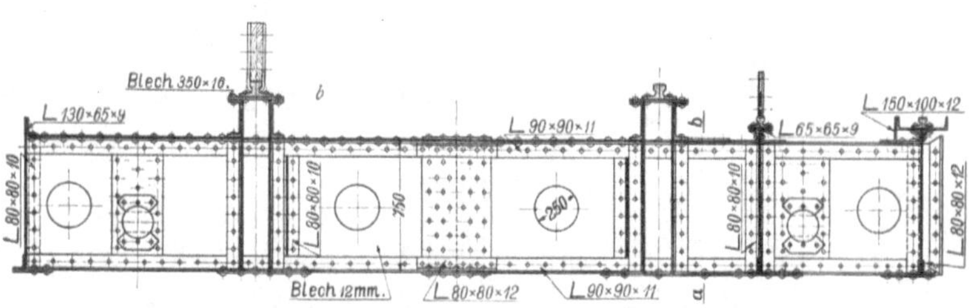

Elektr. betr. Zwillingslaufkran

80 T u. 10 T Tragfähigkeit, Spannweite 14 m.

Erbauer: Duisburger Maschinenbau Actien-Gesellschaft vorm. Bechem u. Keetman, Duisburg.

Arbeitsplatz: Haniel u. Lueg, Düsseldorf.

…g, München und Berlin.

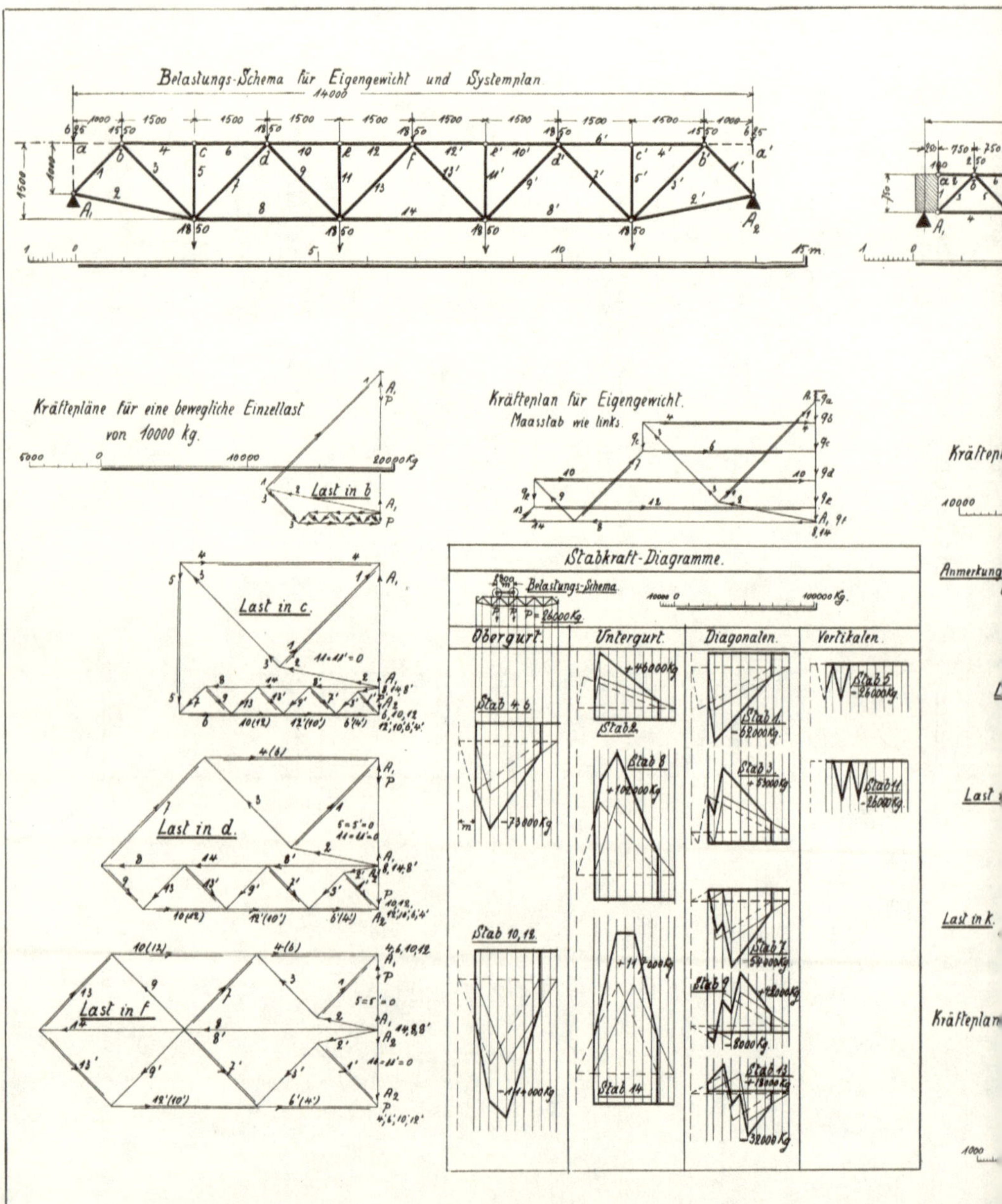

Belastungs-Schema für Eigengewicht und Systemplan
14000
Kräftepläne für eine bewegliche Einzellast von 10000 kg.
Last in b
Last in c.
Last in d.
Last in f
Kräfteplan für Eigengewicht.
Maasstab wie links.
Stabkraft-Diagramme.
Belastungs-Schema
P=26000 Kg
Obergurt.
Untergurt.
Diagonalen.
Vertikalen.
Stab 4.6
-73000 Kg
Stab 10,12.
-114000 Kg
Stab 2
+46000 Kg
Stab 8
+100000 Kg
+117000 Kg
Stab 14
Stab 1.
-62000 Kg
Stab 3.
Stab 7
-54000 Kg
Stab 9
-8000 Kg
Stab 13
32000 Kg
Stab 5
-26000 Kg
Stab 11
Anmerkung
Last in k.
Kräfteplan

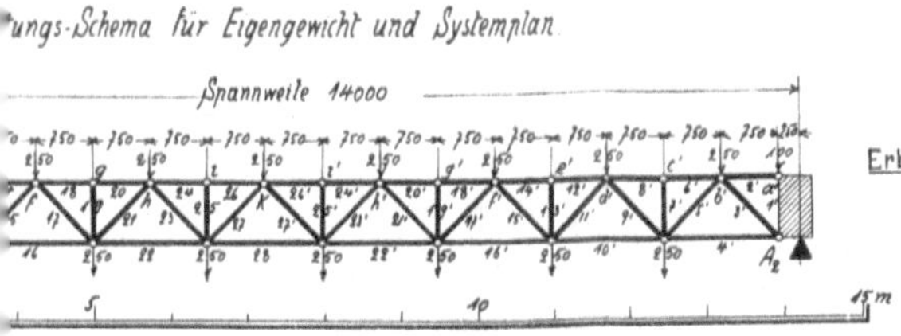

Elektr. betr. Zwillingslaufkran

80 T u. 10 T Tragfähigkeit, Spannweite 14 m.

Erbauer: Duisburger Maschinenbau Actien-Gesellschaft vorm. Bechem u. Keetman, Duisburg.

Arbeitsplatz: Haniel u. Lueg, Düsseldorf.

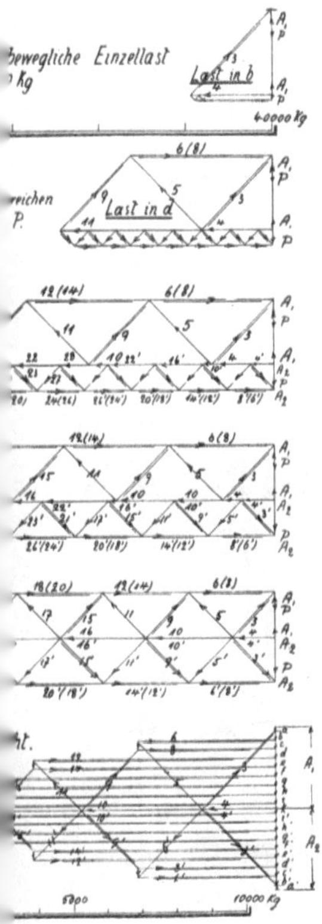

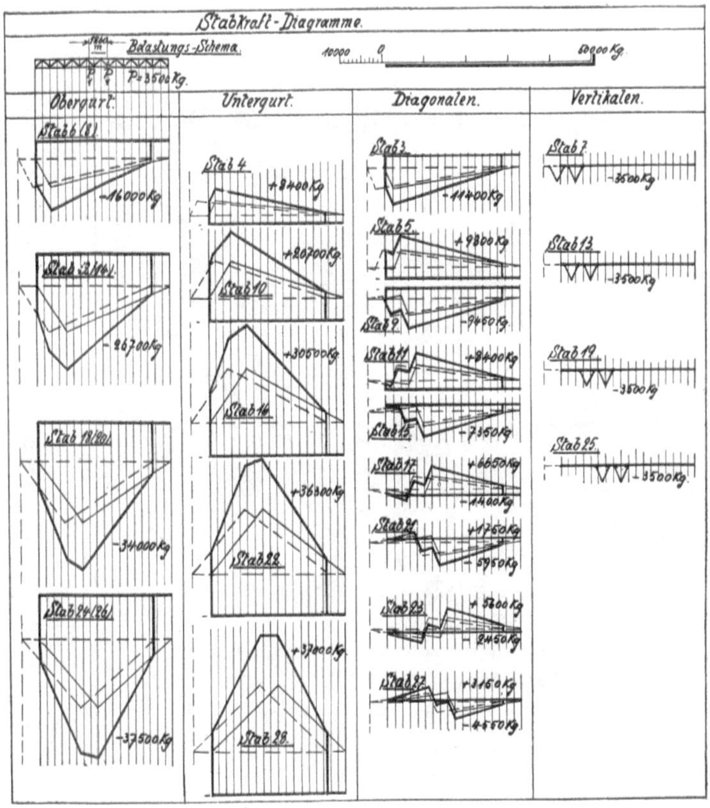

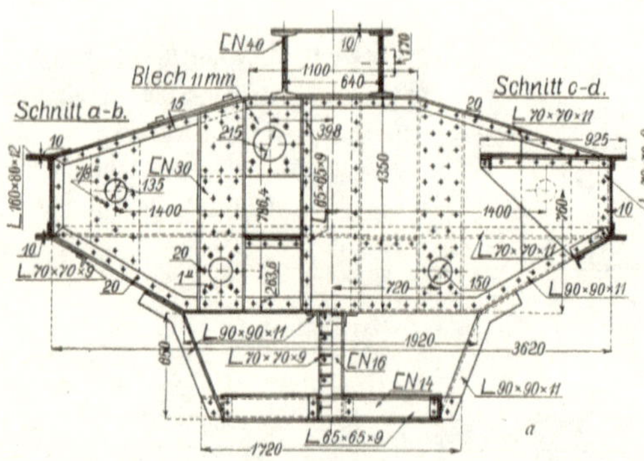

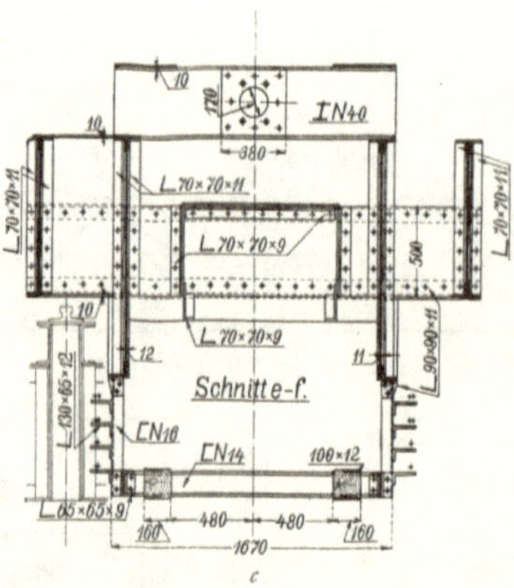

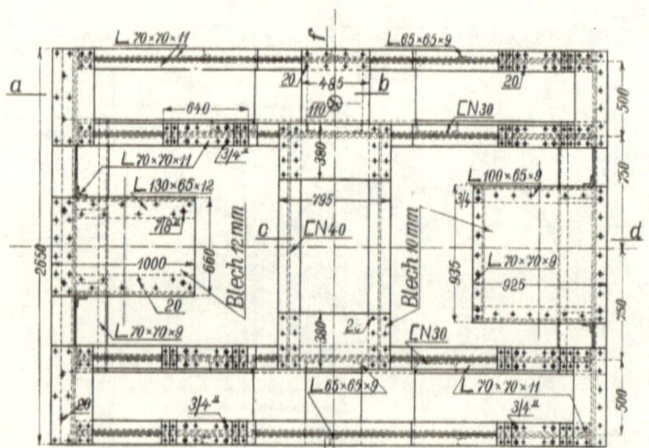

Fig. 1.

Gerüst zur grossen Laufkatze.

100 0 250 500 750 1000 mm.

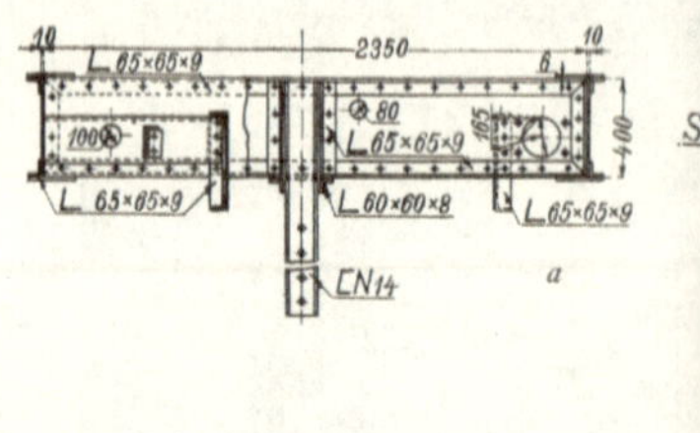

Elektr. betr. Zwillingslaufkran

80 T u. 10 T Tragfähigkeit. Spannweite 14 m.

Erbauer: Duisburger Maschinenbau Actien-Gesellschaft vorm. Bechem u. Keetman, Duisburg.

Arbeitsplatz: Haniel u. Lueg, Düsseldorf.

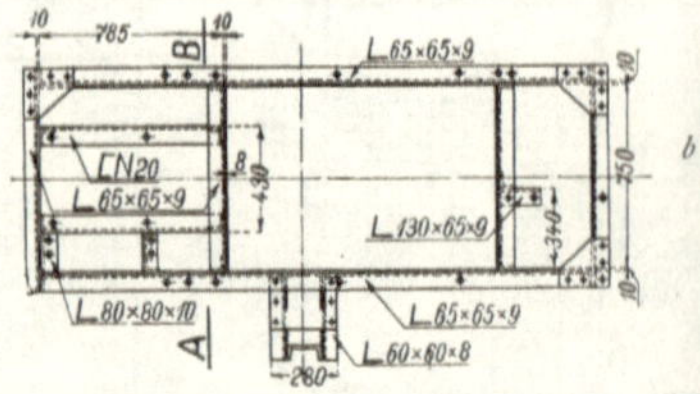

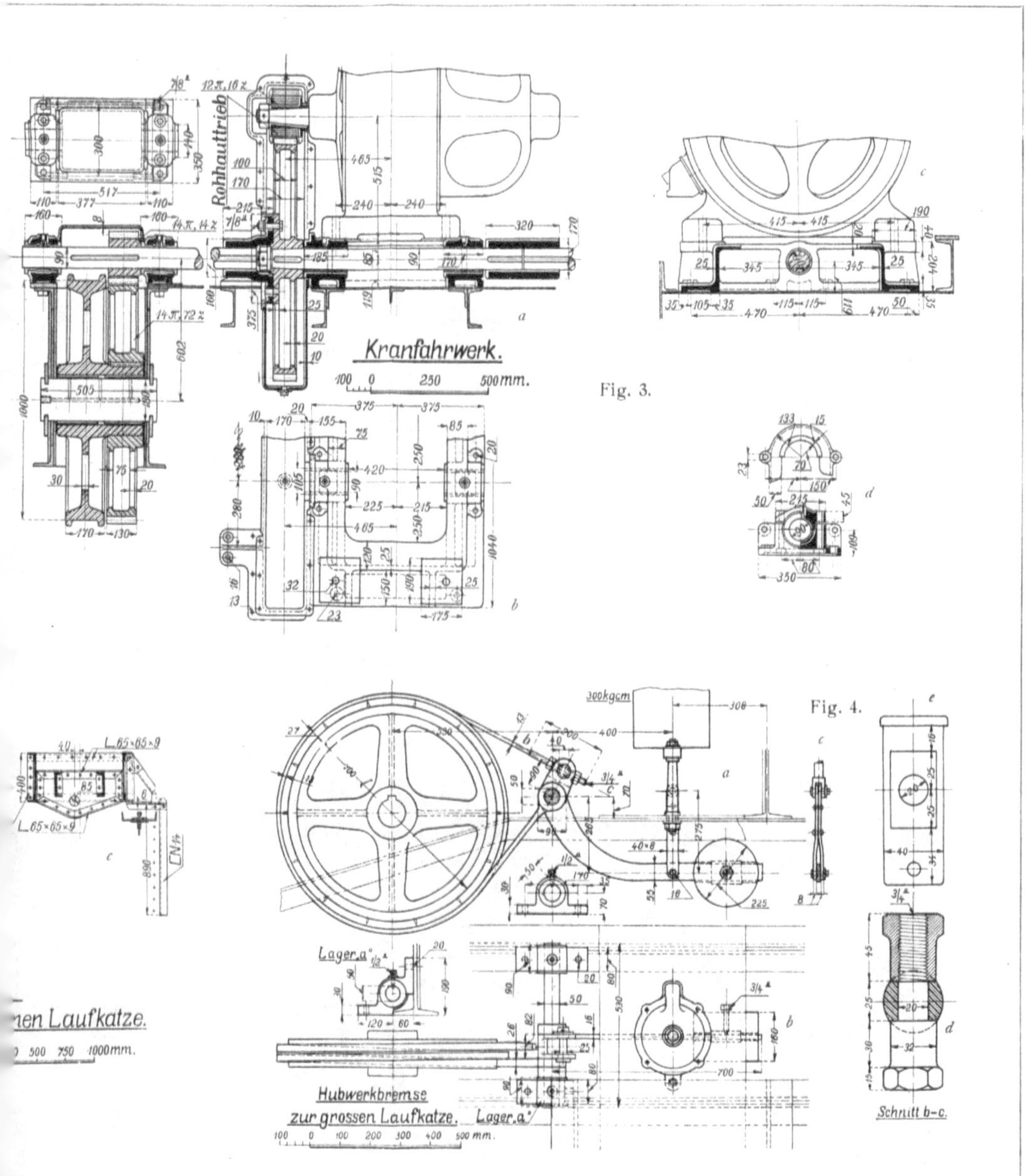

urg, München u. Berlin.

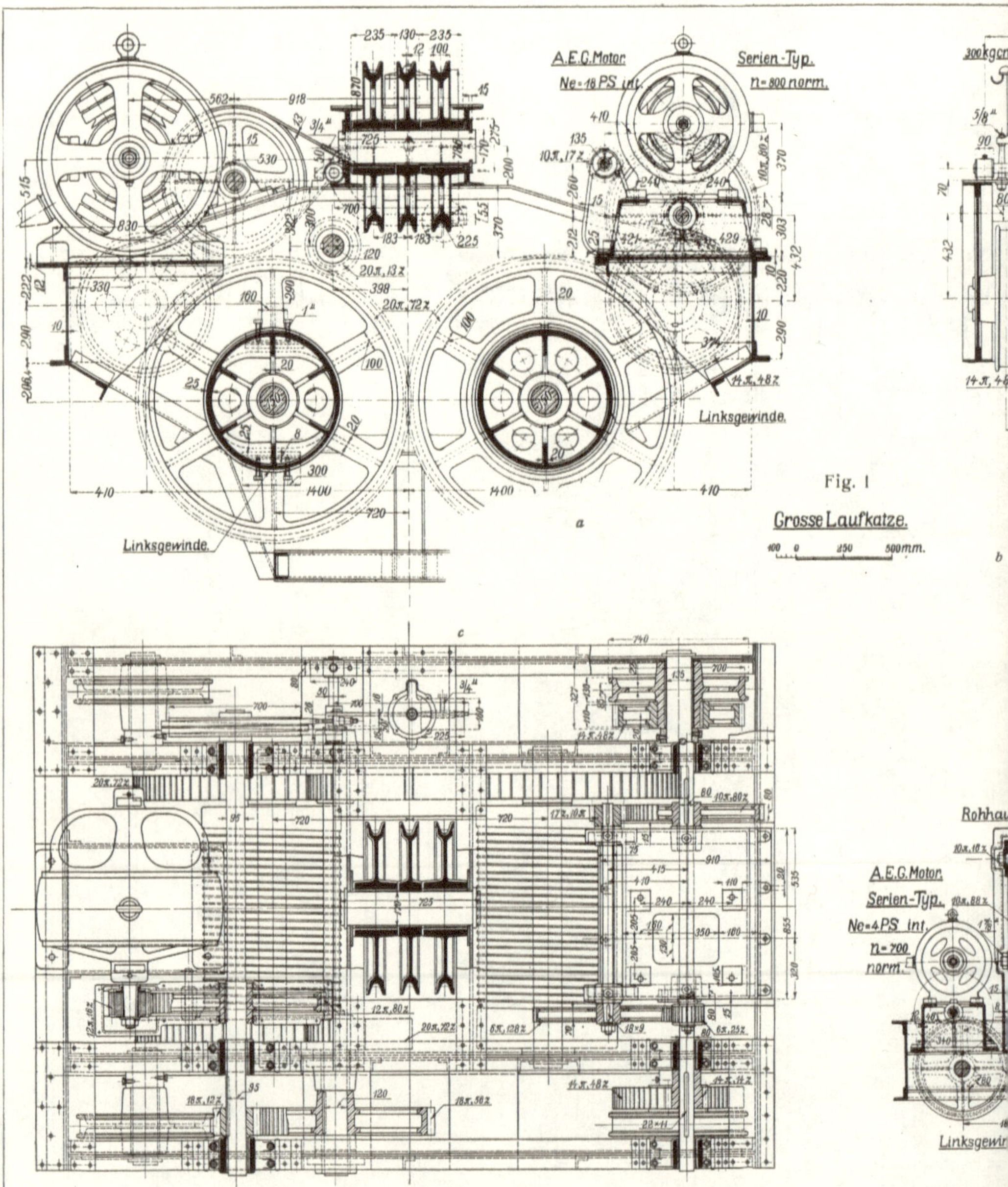

Fig. 1

Grosse Laufkatze.

Druck und Verlag von

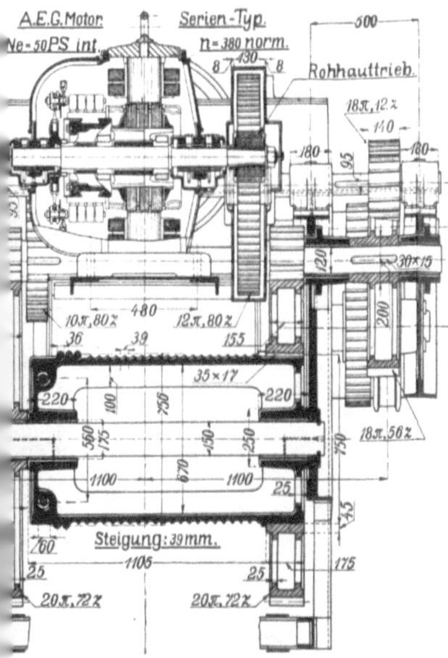

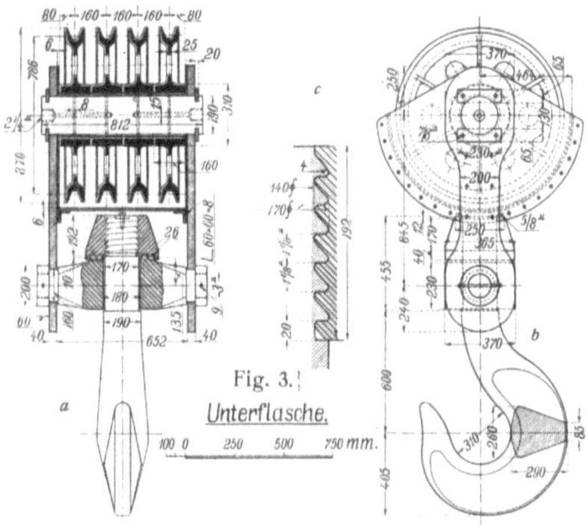

Fig. 3.

Unterflasche.

Elektr. betr. Zwillingslaufkran

80 T u. 10 T Tragfähigkeit, Spannweite 14 m.

Erbauer: Duisburger Maschinenbau Actien-Gesellschaft vorm. Bechem u. Keetman, Duisburg.

Arbeitsplatz: Haniel u. Lueg, Düsseldorf.

Fig. 2.

Kleine Laufkatze.

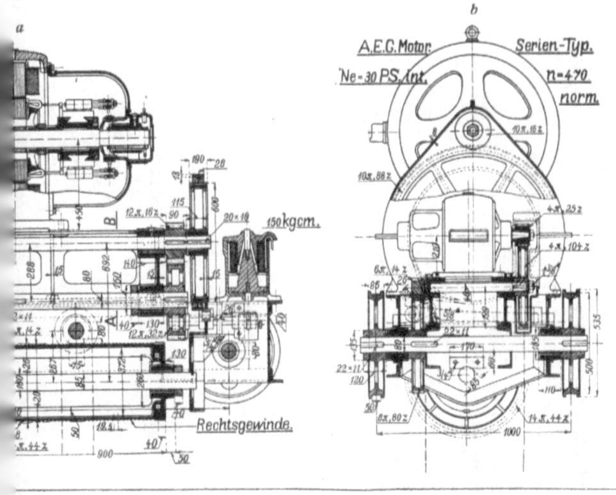

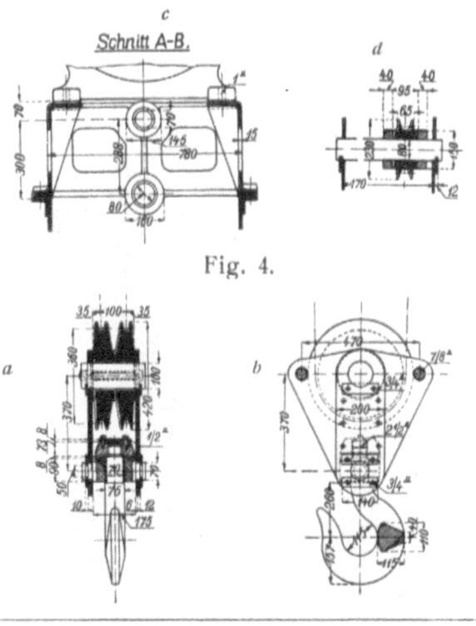

Fig. 4.

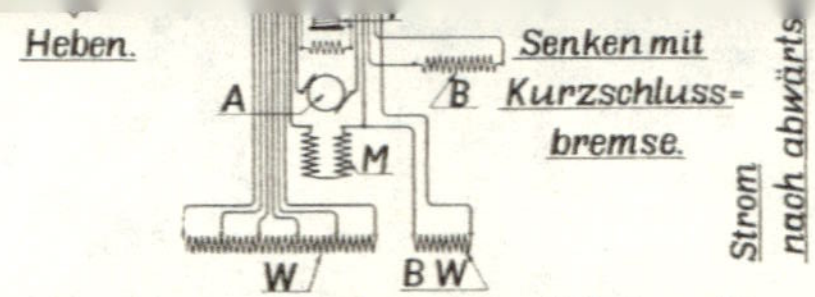

Schaltungsschema f.d. Hubmotor d.kleinen Katze.

Fig. 2.

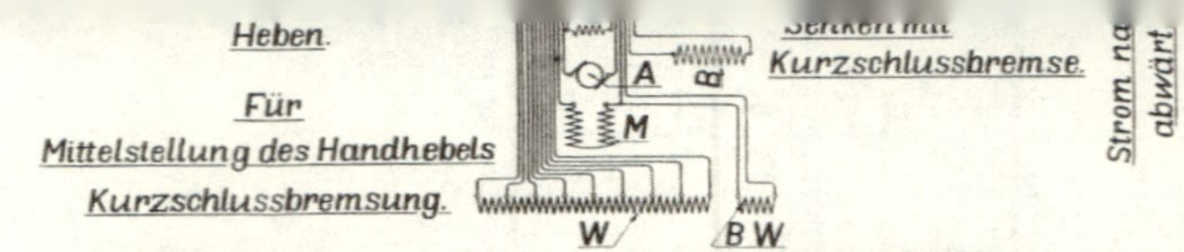

Schaltungsschema für den Hubmotor der grossen Katze.

Fig. 3.

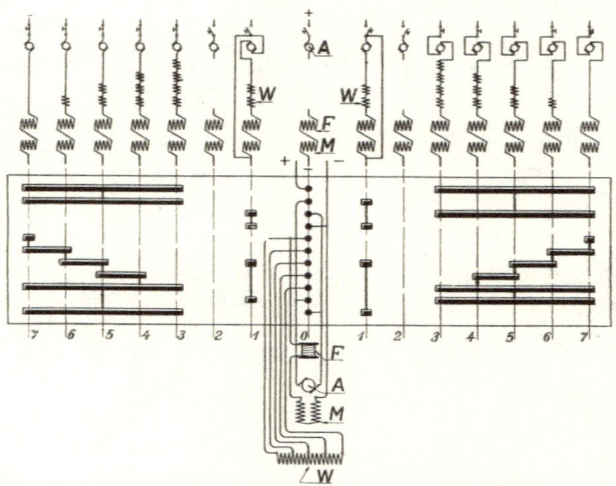

Schaltungsschema für die Katzmotore.

Fig. 4.

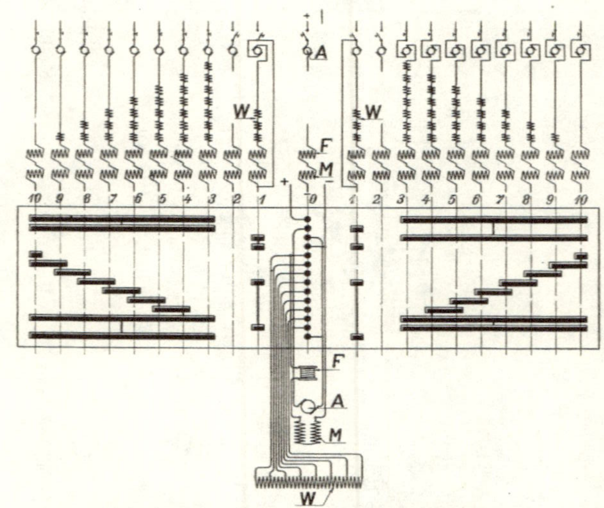

Schaltungsschema für den Kranfahrmotor.

Fig. 5.

Elektr. betr. Zwillingslaufkran

80 T u. 10 T Tragfähigkeit. Spannweite 14 m.

Erbauer: Duisburger Maschinenbau Actien-Gesellschaft

vorm. Bechem u. Keetman, Duisburg.

Arbeitsplatz: Haniel u. Lueg, Düsseldorf.

Druck und Verlag von

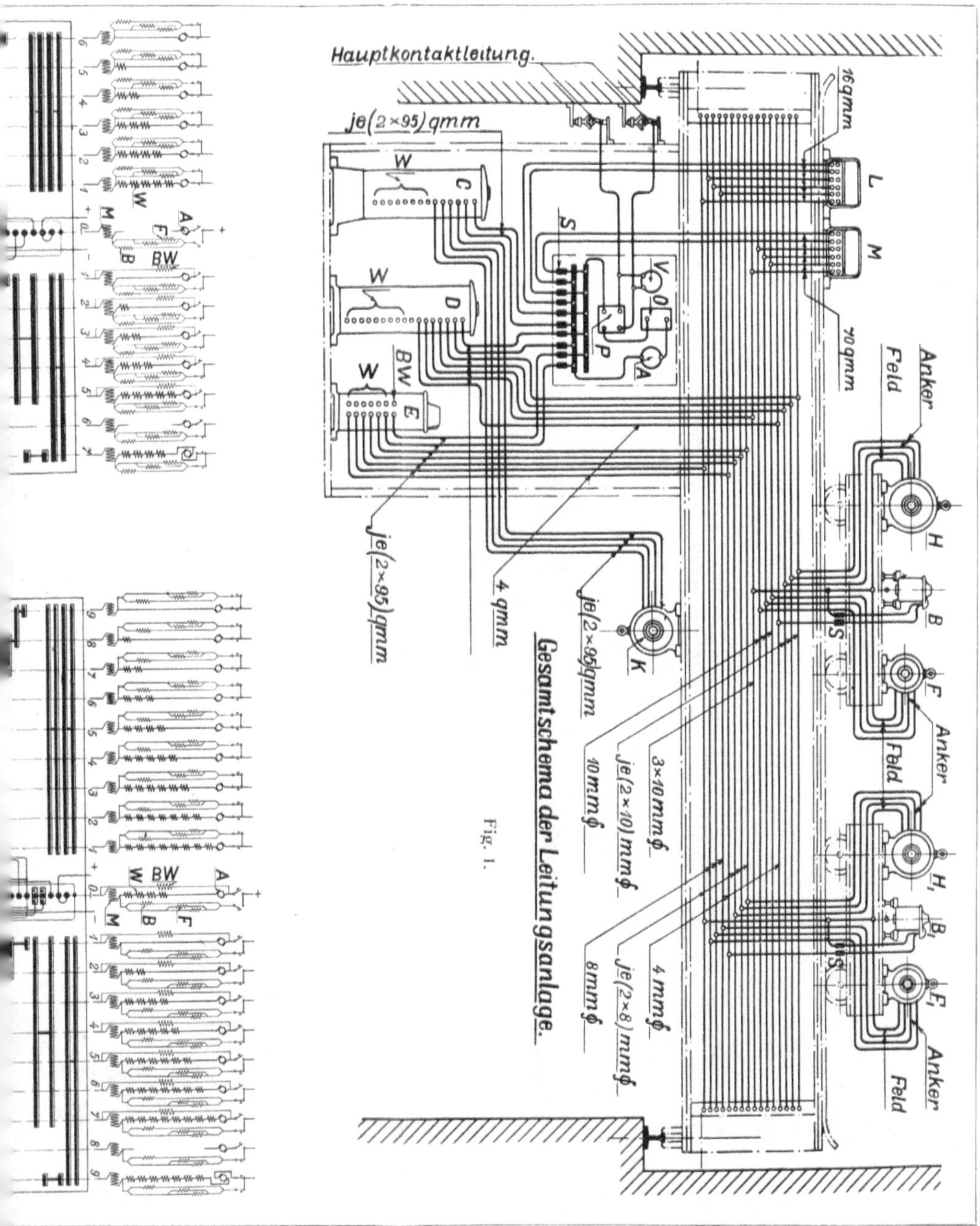

Gesamtschema der Leitungsanlage.

Fig. 1.

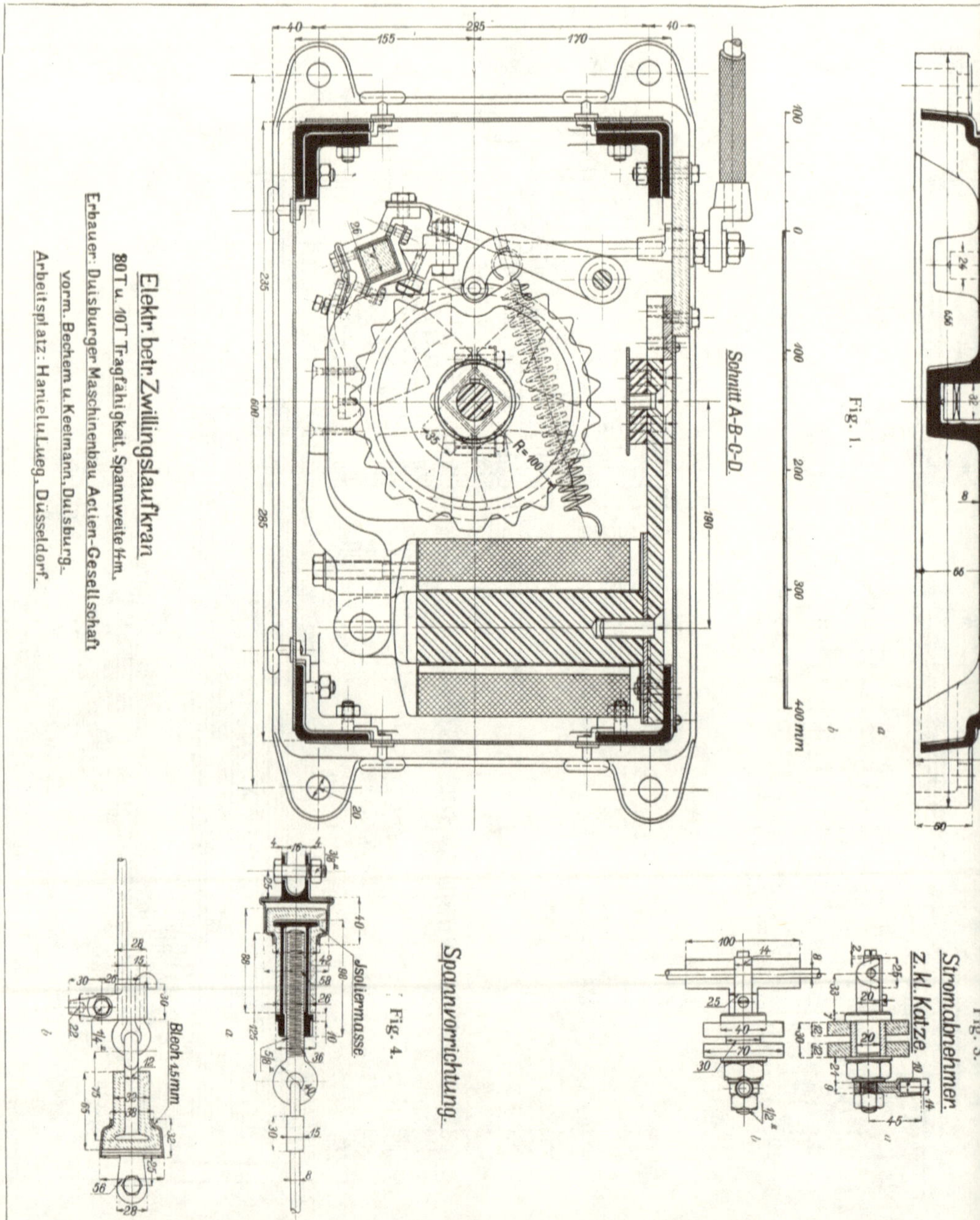

Druck und Verlag v

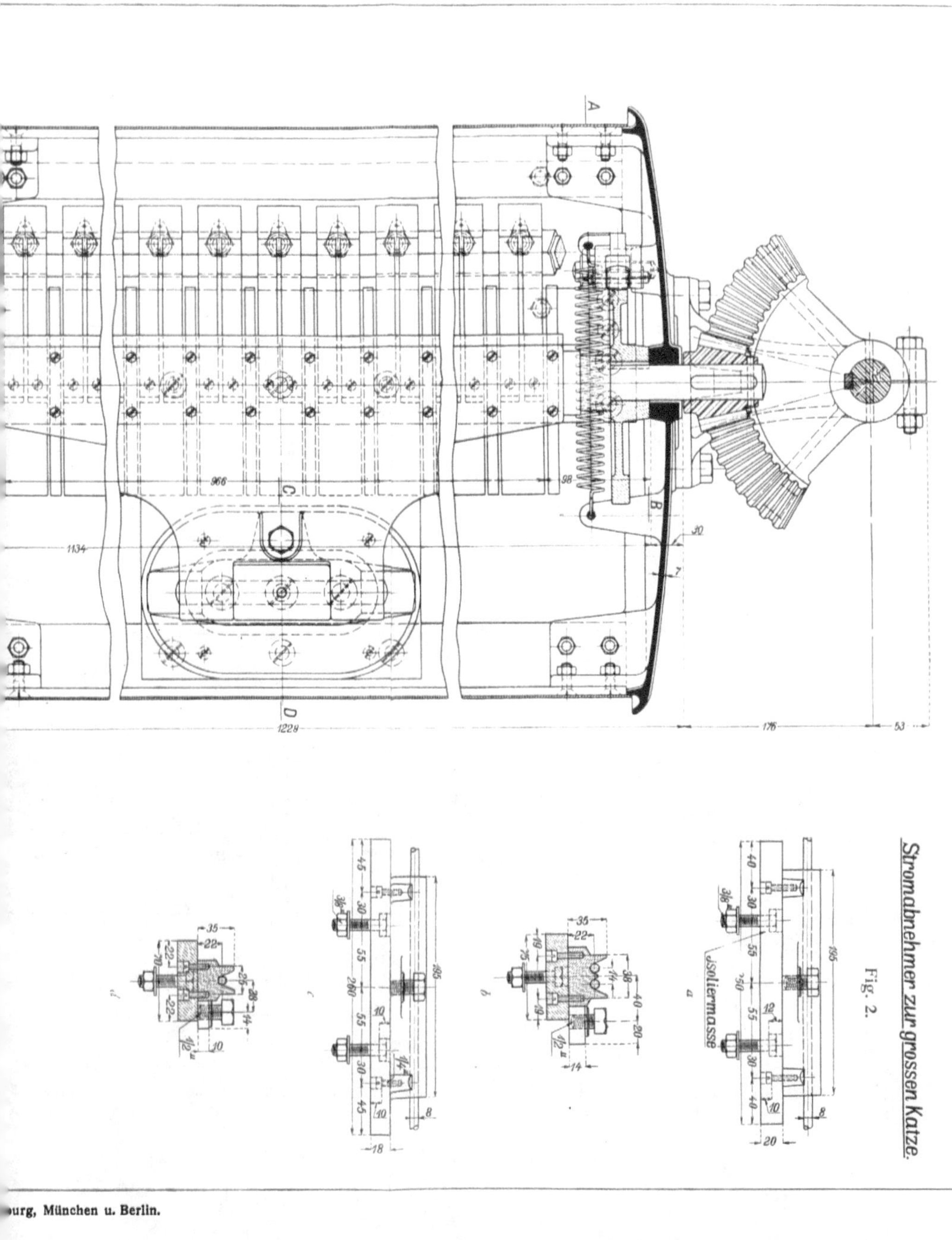

…urg, München u. Berlin.

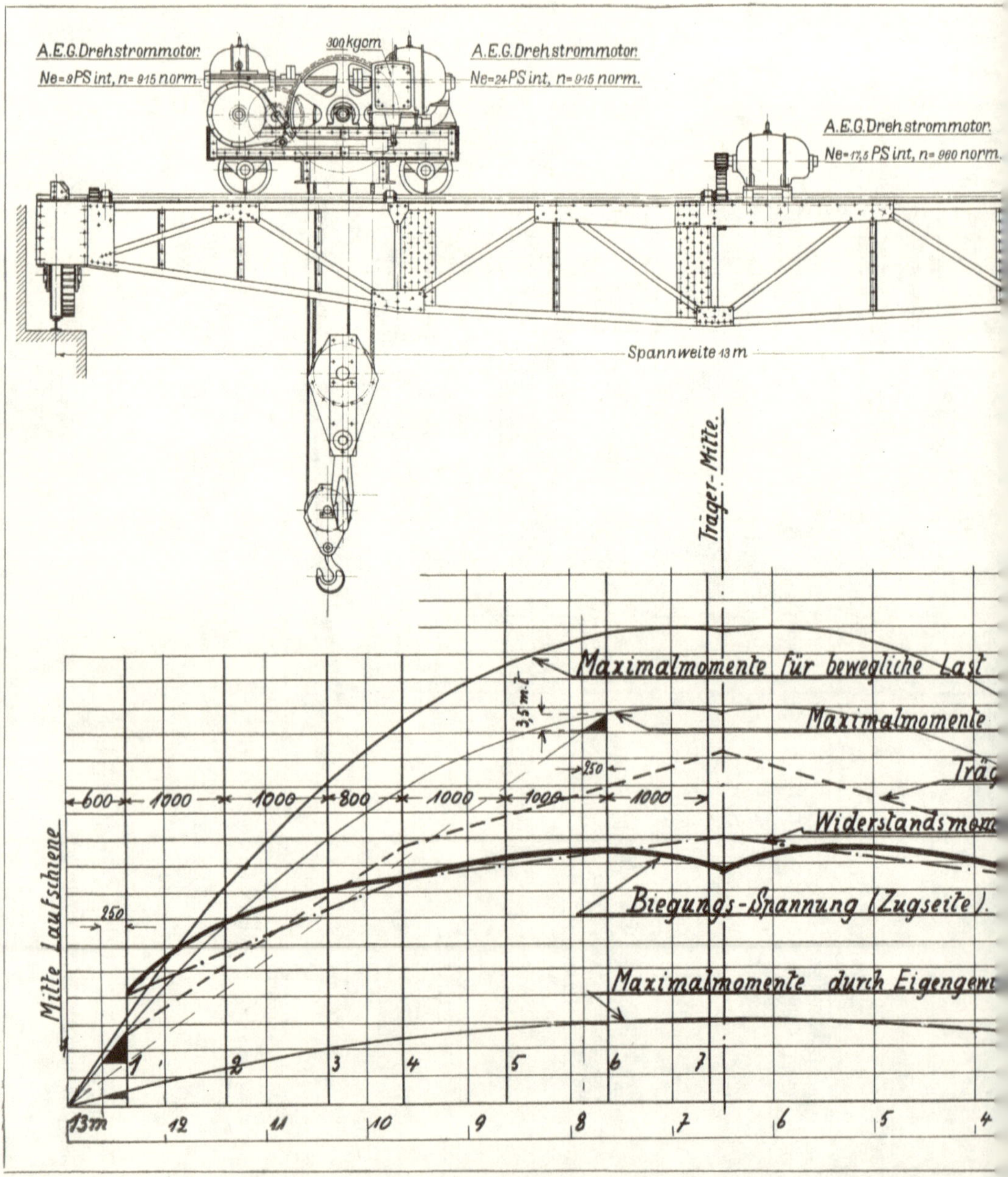

Druck und Verlag von

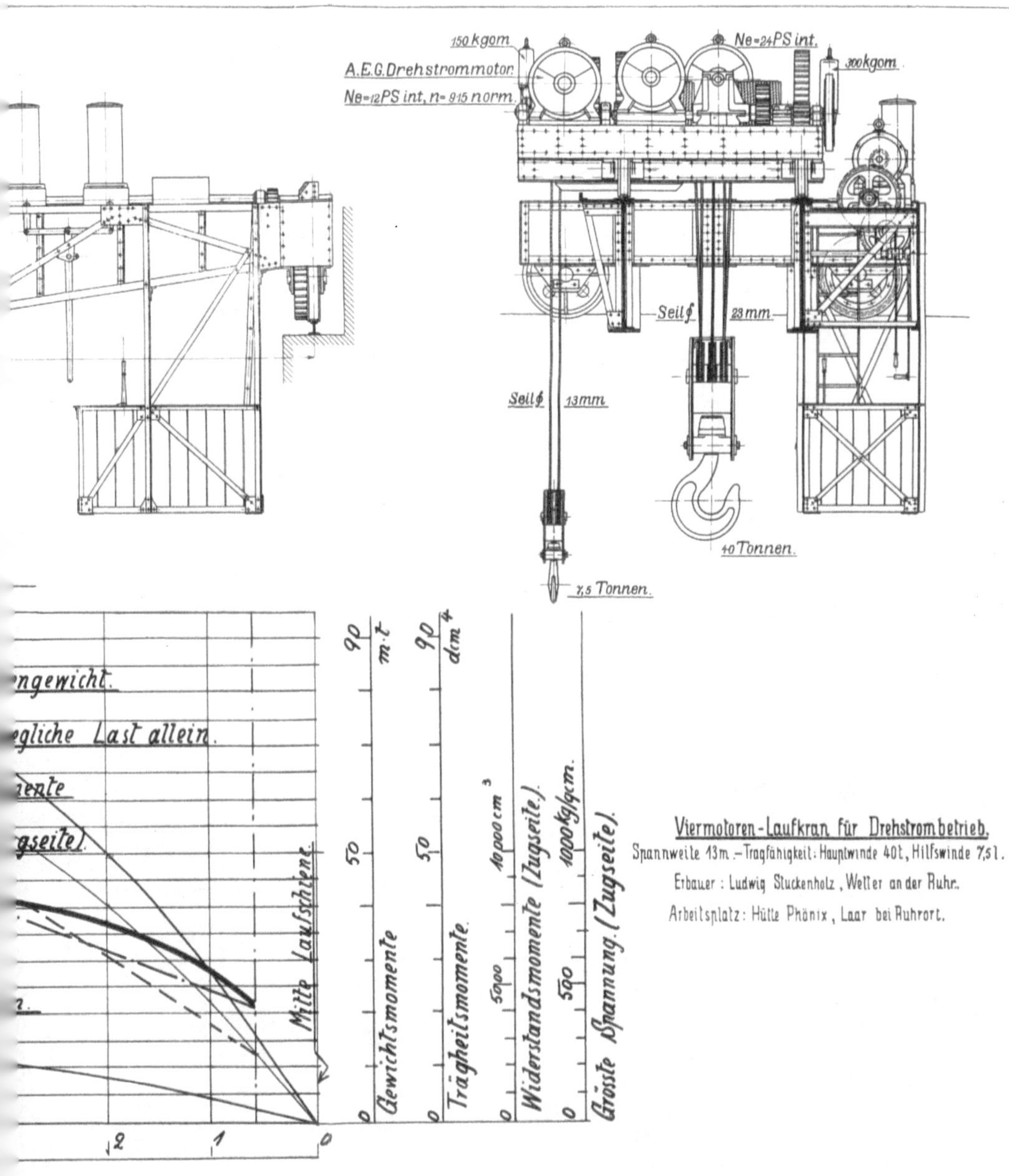
150 kgom
A.E.G. Drehstrommotor
Ne=12PS int, n=915 norm.
Ne=24PS int.
300 kgom
Seil ϕ 23 mm
Seil ϕ 13 mm
40 Tonnen.
7,5 Tonnen.
Mitte Laufschiene
Gewichtsmomente
Trägheitsmomente
Widerstandsmomente (Zugseite.)
Grösste Spannung (Zugseite)
m·t
dcm⁴
10000 cm³
1000 kg/qcm.
Viermotoren-Laufkran für Drehstrombetrieb.
Spannweite 13 m. – Tragfähigkeit: Hauptwinde 40 t, Hilfswinde 7,5 t.
Erbauer: Ludwig Stuckenholz, Wetter an der Ruhr.
Arbeitsplatz: Hütte Phönix, Laar bei Ruhrort.

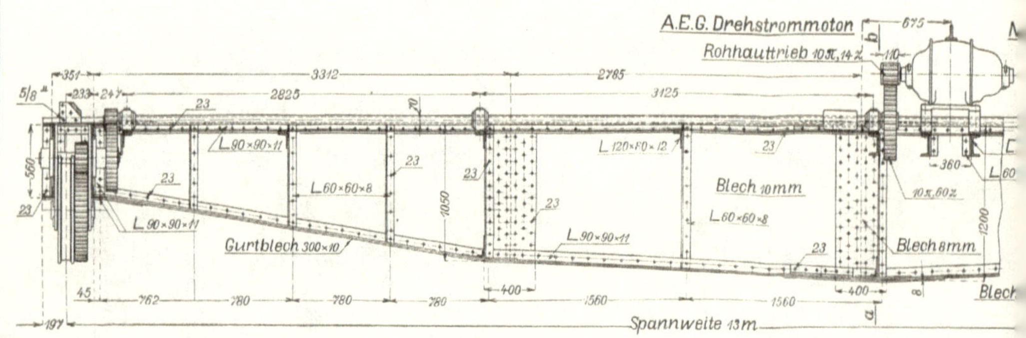
A.E.G. Drehstrommotor
Rohhauttrieb 10π, 14 z
L 90×90×11
L 60×60×8
L 120×80×12
Blech 10mm
Blech 8mm
Gurtblech 300×10
10π, 60 z
Spannweite 13m
b
a

a

Fig. 1.

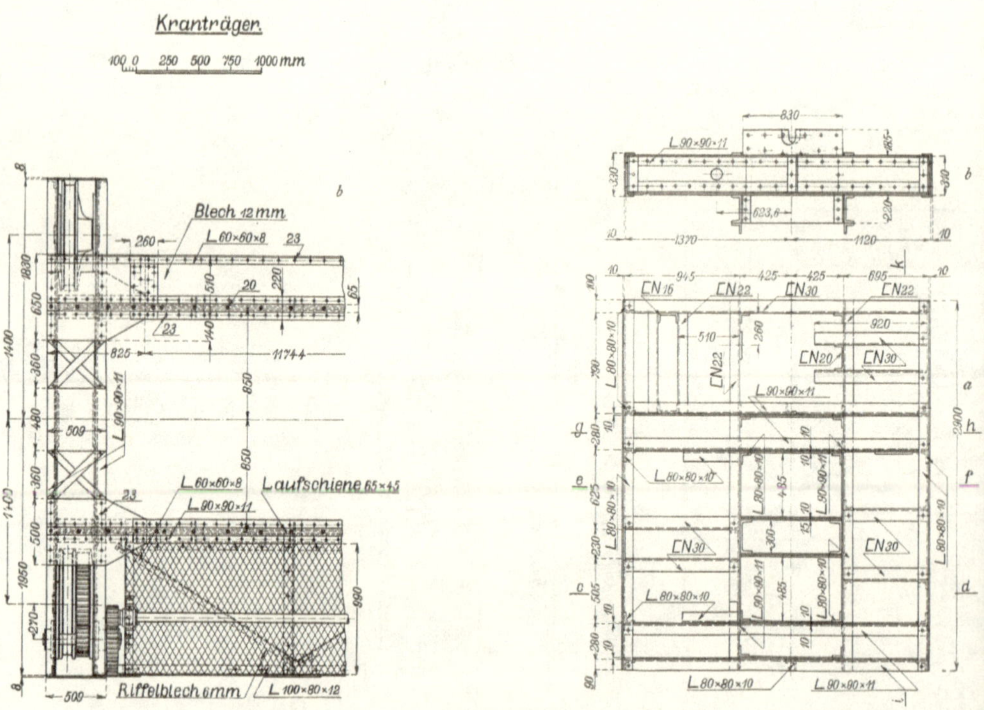
Kranträger.
100 0 250 500 750 1000 mm
Blech 12 mm
L 60×60×8
L 90×90×11
Laufschiene 65×45
Riffelblech 6mm
L 100×80×12
L 80×80×10
CN 16
CN 22
CN 30
CN 20
b
a
h
f
d
g
e
c
k

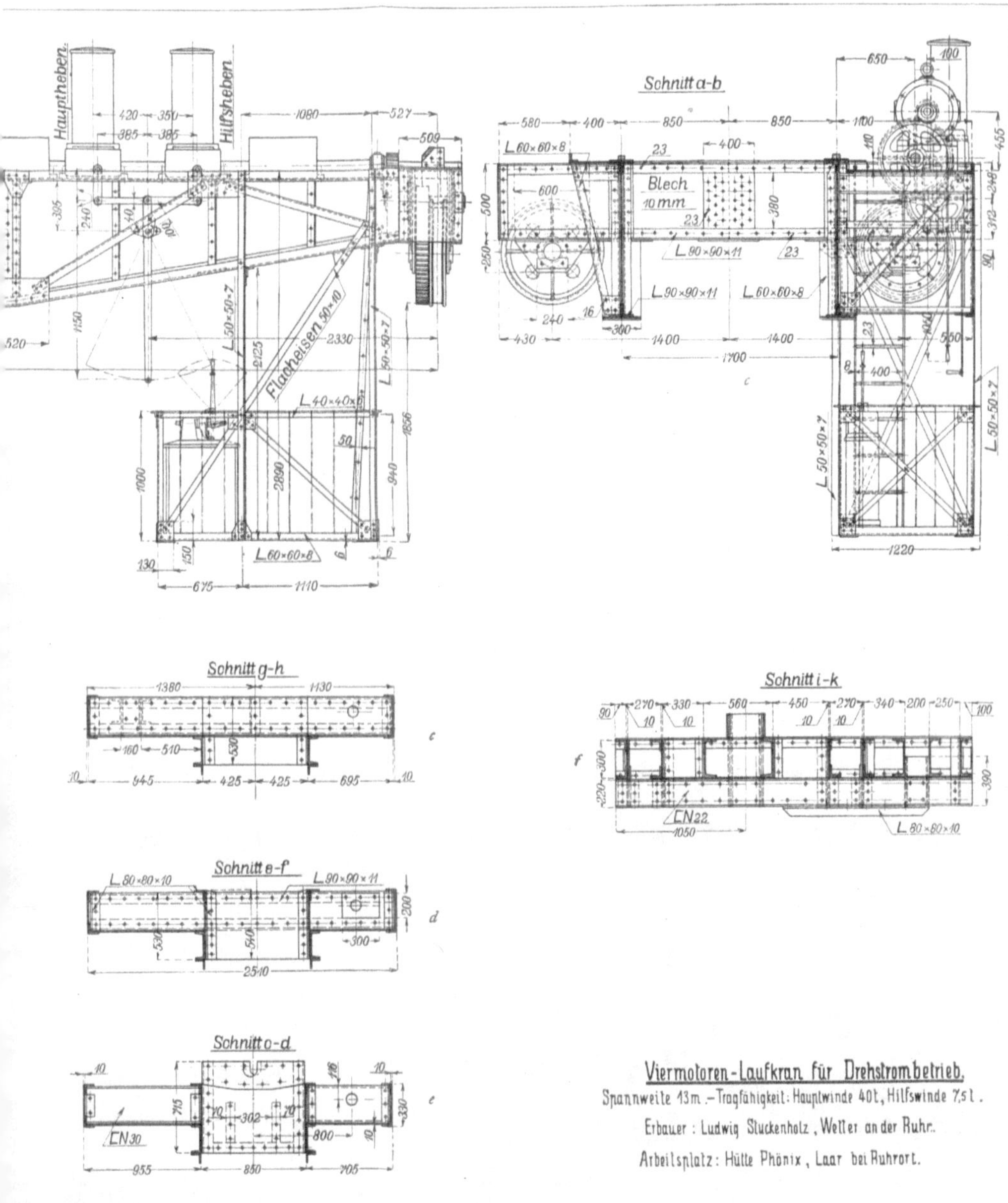

, München u. Berlin.

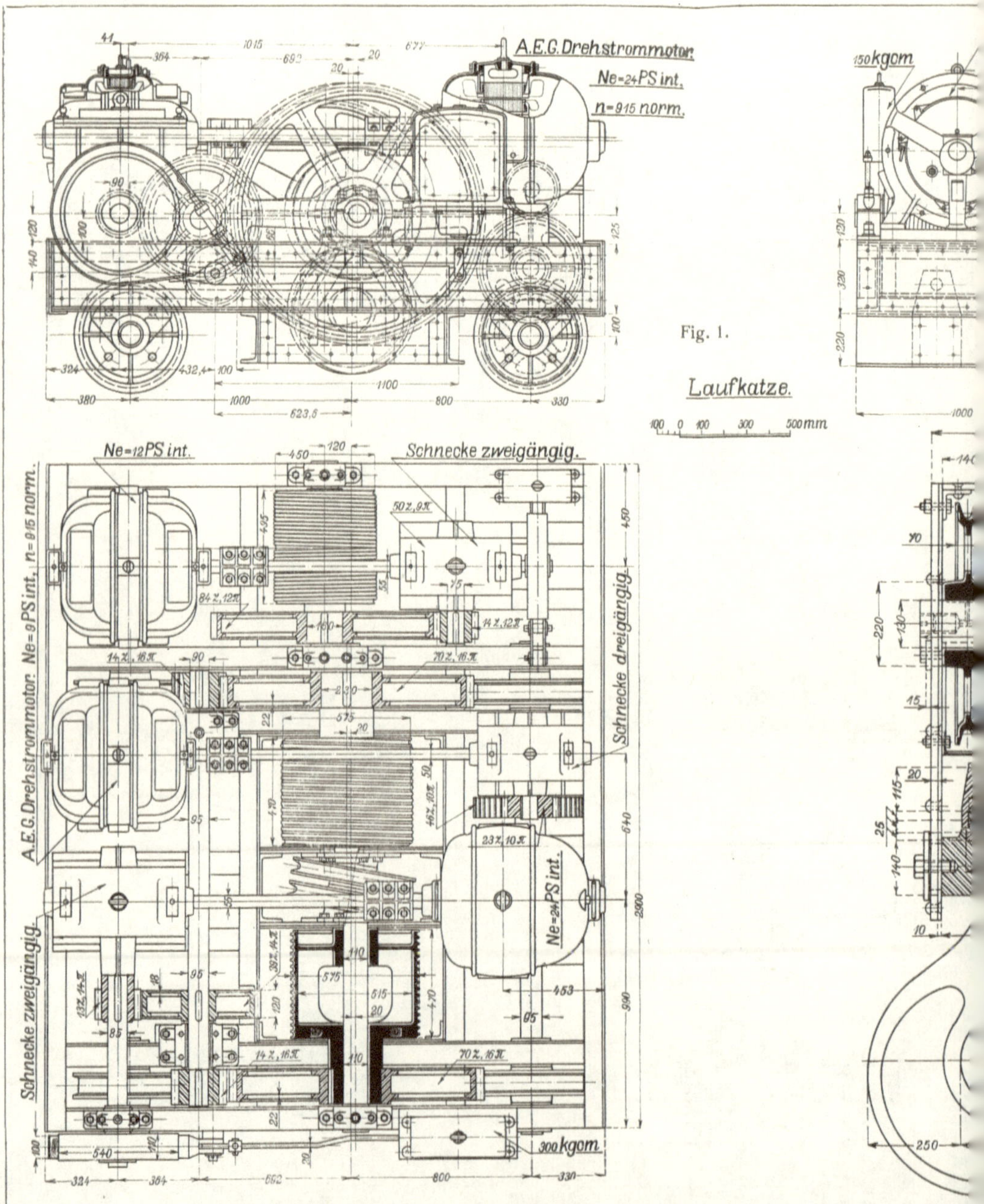

Druck und Verlag vo

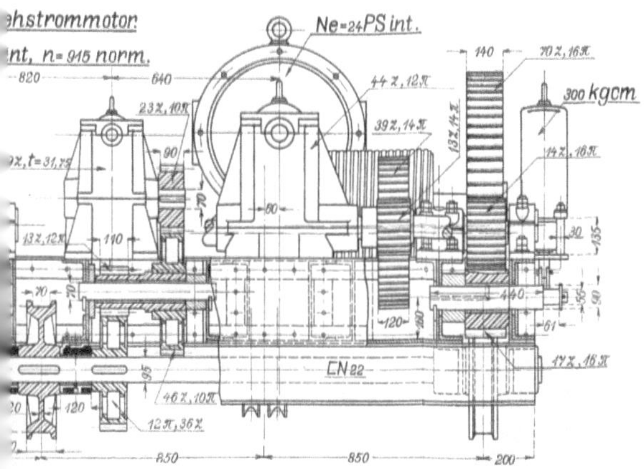

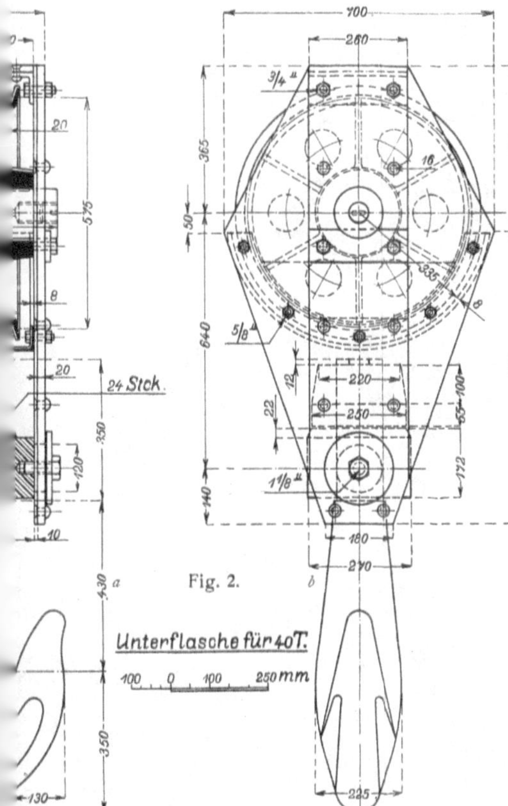

a Fig. 2. b

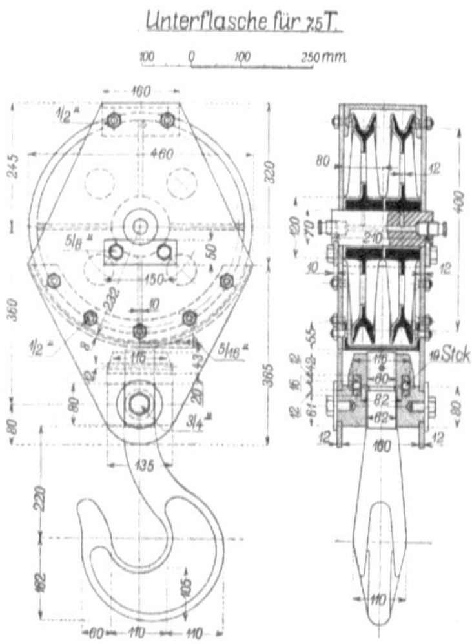

Fig. 3.

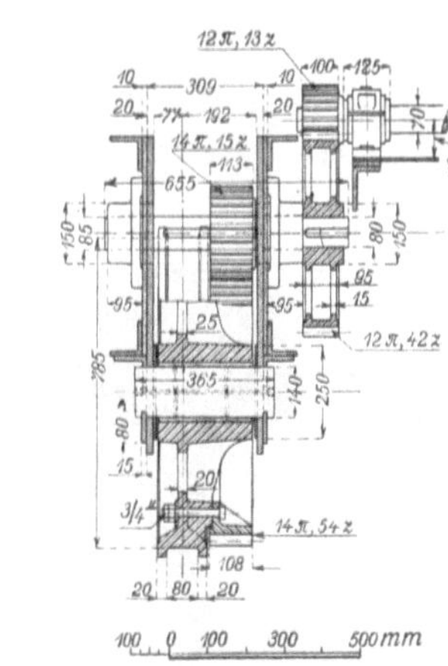

Fig. 4.

Dreimotoren-Laufkran für Gleichstrombetrieb.

Spannweite 21,1 m – Tragfähigkeit 25000 kg.

Erbauer: Eisenwerk, vorm. Nagel & Kaemp, A. G., Hamburg.

Arbeitsplatz: Elektricitätswerk a. d. Bille, Hamburg.

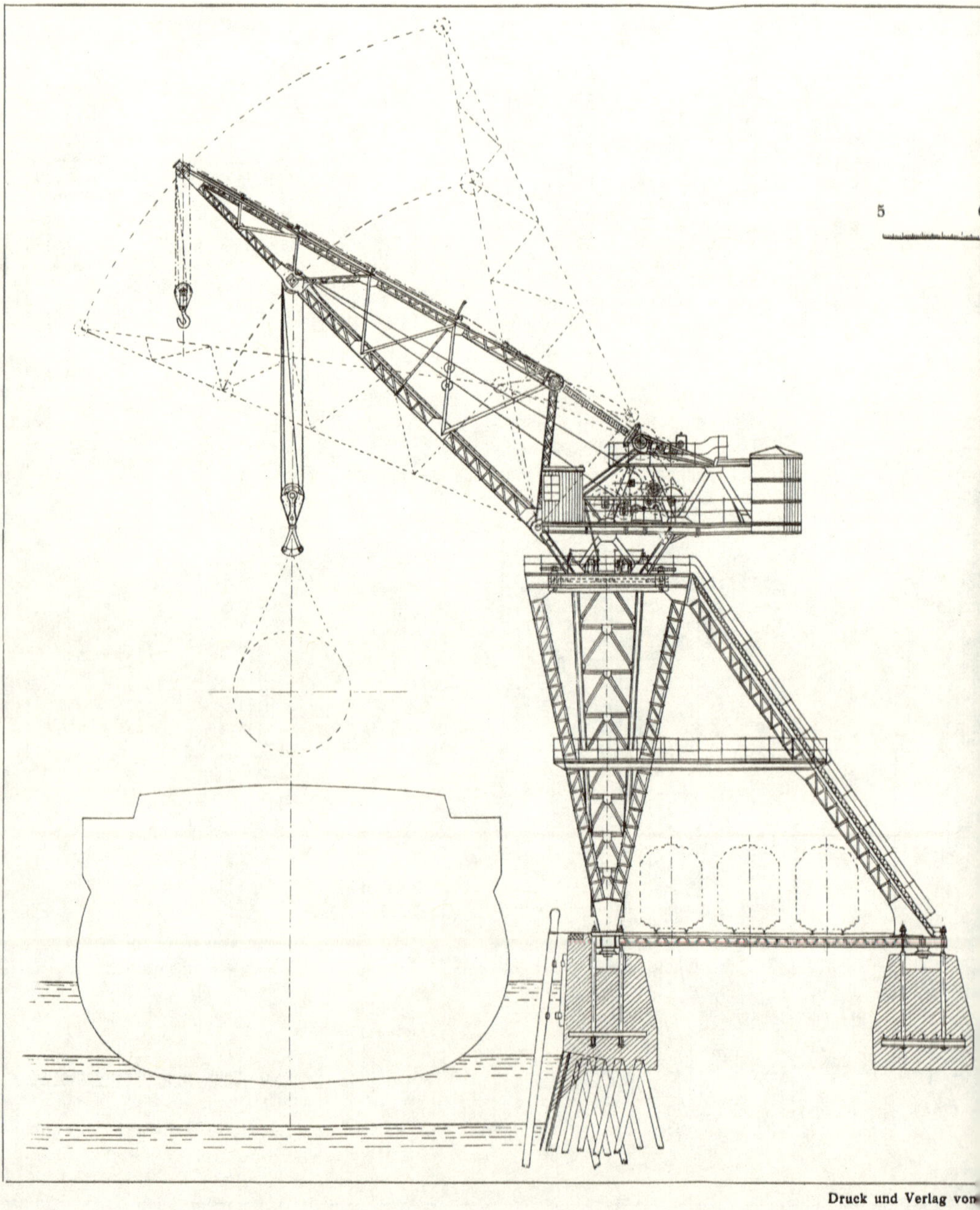

Druck und Verlag von

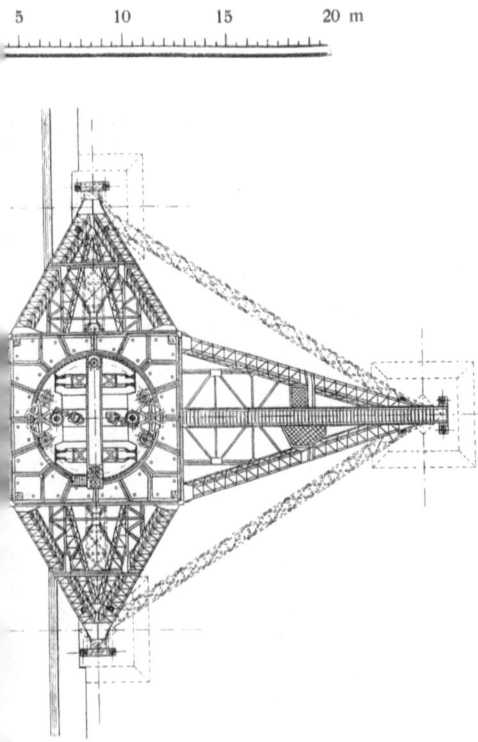

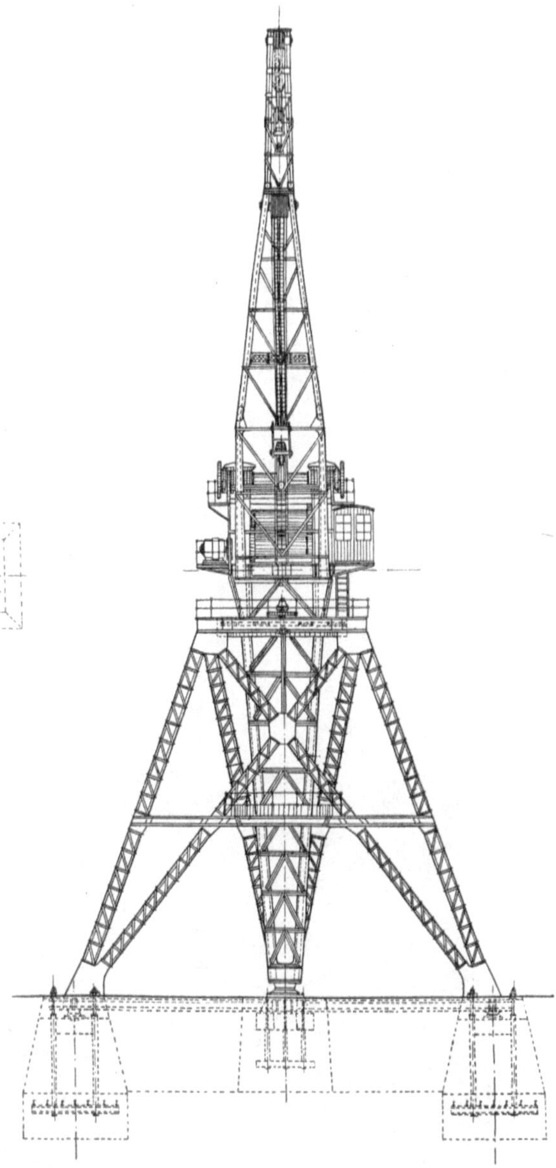

Werftkran (Hammerwippkran)

mit elektrischem Betrieb.

Erbauer: Duisburger Maschinenbau-Aktien-Gesellschaft
vorm. Bechem und Keetman.

www.ingramcontent.com/pod-product-compliance
Lightning Source LLC
LaVergne TN
LVHW091729021026
849161LV00003BB/510
* 9 7 8 3 4 8 6 7 3 4 9 4 2 *